# 大模型实战

## 从零实现 RAG 与 Agent 系统

郑天民 ◎ 著

人民邮电出版社

北 京

图书在版编目（CIP）数据

大模型实战：从零实现 RAG 与 Agent 系统 / 郑天民著.
北京：人民邮电出版社，2025. -- ISBN 978-7-115-66642-0

Ⅰ. TP391

中国国家版本馆 CIP 数据核字第 2025ZK7448 号

## 内 容 提 要

本书深入探讨了 RAG 技术体系及其应用，内容涉及从基础概念到高级应用的各个方面。首先，解构了大模型应用的基本模式与局限性，并引入 RAG 作为增强生成能力的一种方法，讲解了 RAG 的核心概念、组成结构及应用场景，还涵盖了 RAG 的基础、高级、模块化和智能体形式的技术体系。其次，以 LlamaIndex 为工具，展示了如何实现 RAG，包括提示词设计、文档与索引创建、上下文检索及查询引擎构建等具体步骤。最后，介绍了基于 RAG 构建文档聊天助手、多模态内容解析器、数据库检索器、知识图谱系统、工作流引擎及多 Agent 系统的实践案例，每个案例均包含技术细节与实现效果演示。

本书适合人工智能领域的开发者、研究人员，以及自然语言处理、知识图谱、智能客服等专业人士阅读。

◆ 著　　　郑天民
　　责任编辑　秦　健
　　责任印制　王　郁　焦志炜

◆ 人民邮电出版社出版发行　北京市丰台区成寿寺路 11 号
　　邮编 100164　电子邮件 315@ptpress.com.cn
　　网址 https://www.ptpress.com.cn
　　三河市君旺印务有限公司印刷

◆ 开本：800×1000　1/16
　　印张：12.75　　　　　　　　2025 年 5 月第 1 版
　　字数：240 千字　　　　　　 2025 年 5 月河北第 1 次印刷

定价：69.80 元

读者服务热线：(010)81055410　印装质量热线：(010)81055316
反盗版热线：(010)81055315

# 前言

## 为什么要写这本书

随着人工智能（Artificial Intelligence，AI）技术的迅猛进步，特别是像 ChatGPT 这样的大模型的问世，知识问答类应用进入了快速发展的时期，RAG（Retrieval-Augmented Generation，检索增强生成）随之获得了业界的高度关注。它通过将"检索"与"生成"两种方法相结合，增强了模型在处理需要深厚背景知识的任务时的表现，例如客服自动化和医疗咨询等场景。

RAG 持续优化其知识提取、索引创建和检索策略，这些方面的改进推动了相关应用的成熟化。RAG 的一大优势是它可以高效地更新知识库，而不需要复杂的微调过程，从而大幅降低了大型模型产生不准确回答的可能性。

随着对 AI 技术热情的理性回归，企业越来越重视 AI 的实际效用。RAG 凭借其透明性和可控性，在企业级应用中占据了关键位置。对于开发者，构建一个融合文本和文档处理、图像分析、嵌入式模型、向量数据库等组件，并与大型模型集成的企业级 RAG 系统，不仅要求他们掌握 RAG 的概念、设计原则及如 LlamaIndex 这样的主流开发框架，还需要能够根据特定的业务需求提出有效的解决方案，以确保 RAG 可以顺利实施并实现技术与业务的无缝结合。

作为全面介绍 RAG 应用开发的图书，本书旨在协助开发者更有效地设计和构建 RAG 应用。

## 本书特色

本书具有以下特点。

- **热点主题**：在当前的 AI 领域，大模型的应用落地无疑是最受瞩目的焦点，而其中 RAG 作为核心应用模式脱颖而出。本书作为一本原创著作，专注于 RAG 应用开发，涵盖了从基础概念到应用场景、开发方法、技术组件，再到工程实践方案等内容。
- **内容创新**：本书聚焦于 LlamaIndex——一个主流的数据驱动型 RAG 开发框架。书中不仅阐述了 LlamaIndex 的整体架构及其核心技术组件，更关键的是提供了这些组件的应用指南和实践案例。
- 案例驱动：本书采用以业务场景和实际案例为导向的实战方式编写，约四分之三的篇幅致力于介绍 RAG 的具体应用实例，并提供详尽的设计思路及即插即用的代码示例，旨在为读者提供实用的操作指导。

## 本书读者对象

本书主要面向以下读者。
- 掌握一定编程语言和技术、对大模型特别是 RAG 应用开发有实际需求的技术人员。
- 对大模型和 RAG 有兴趣、希望体验 AI 技术的广大开发者。
- 系统架构分析和设计人员。

## 本书主要内容

第 1 章着重于 RAG 的核心概念和技术体系的介绍，解析 RAG 的基本概念与应用场景，并探讨 RAG 应用开发中所涉及的关键技术，同时引出主流的开发框架。

第 2 章详细说明作为 RAG 应用开发主流框架的 LlamaIndex，包括它所提供的各个核心技术组件及其具体应用方式。

第 3 章~第 8 章则聚焦于 RAG 应用开发的具体案例，涵盖文档聊天助手、多模态内容解析器、数据库检索器、知识图谱系统、工作流引擎及多 Agent 系统等应用。对于每一个案例，本书不仅提供具体的应用场景分析和系统设计思路，还结合 LlamaIndex 这一主流 RAG 开发框架的功能特性，讲解其在案例中的应用细节与实现过程，并分享背后的实践。

## 阅读本书的建议

对于没有大模型和 RAG 开发基础的读者，建议按照章节顺序从第 1 章开始阅读，并逐步演练每一个示例，以建立坚实的知识基础。

对于已经具备一定 RAG 基础的读者，则可以根据自身的实际需求，有针对性地阅读各章节中的技术要点，以便深化已有知识或解决具体问题。

针对书中的每一个项目案例，建议先快速通读一遍，形成整体印象，之后，在开发环境中逐一操作每个项目的代码示例，通过实践加深对背后技术组件的理解。

## 勘误和支持

由于作者水平有限,且编写时间仓促,书中可能存在错误或不准确之处,恳请读者批评指正。你可以通过访问 Bug 勘误表页面提交阅读过程中遇到的问题。此外,书中涉及的代码资源可以通过以下链接下载:https://github.com/tianminzheng/llamaindex-rag-in-action。同时,我也会在此仓库中及时更新并修正相应的功能。

## 致谢

我要特别感谢我的家人,尤其是我的妻子章兰婷女士,在我撰写本书时占用大量晚间和周末时间的情况下,给予我极大的支持与理解。同时,我也要感谢过去和现在的同事们,身处业界领先的公司和团队,我获得了许多宝贵的学习和成长机会。没有大家平日的帮助和支持,这本书的完成将无从谈起。最后,我要感谢人民邮电出版社的编辑团队,本书能够顺利出版,离不开他们的专业协助和悉心指导。

郑天民

# 资源与支持

## 资源获取

本书提供如下资源：
- 程序源代码；
- 书中图片文件；
- 本书思维导图；
- 异步社区 7 天 VIP 会员。

要获得以上资源，您可以扫描下方二维码，根据指引领取。

## 提交勘误信息

作者和编辑尽最大努力来确保书中内容的准确性，但难免会存在疏漏。欢迎您将发现的问题反馈给我们，帮助我们提升图书的质量。

当您发现错误时，请登录异步社区（https://www.epubit.com），按书名搜索，进入本书页面，点击"发表勘误"，输入勘误信息，点击"提交勘误"按钮即可（见下页图）。本书的作者和编辑会对您提交的勘误信息进行审核，确认并接受后，您将获赠异步社区的 100 积分。积分可用于在异步社区兑换优惠券、样书或奖品。

## 与我们联系

我们的联系邮箱是 contact@epubit.com.cn。

如果您对本书有任何疑问或建议,请您发邮件给我们,并在邮件标题中注明本书书名,以便我们更高效地做出反馈。

如果您有兴趣出版图书、录制教学视频,或者参与图书翻译、技术审校等工作,可以发邮件给我们。

如果您所在的学校、培训机构或企业,想批量购买本书或异步社区出版的其他图书,也可以发邮件给我们。

如果您在网上发现有针对异步社区出品图书的各种形式的盗版行为,包括对图书全部或部分内容的非授权传播,请您将怀疑有侵权行为的链接通过邮件发送给我们。您的这一举动是对作者权益的保护,也是我们持续为您提供有价值的内容的动力之源。

## 关于异步社区和异步图书

"异步社区"是由人民邮电出版社创办的 IT 专业图书社区,于 2015 年 8 月上线运营,致力于优质内容的出版和分享,为读者提供高品质的学习内容,为作译者提供专业的出版服务,实现作者与读者在线交流互动,以及传统出版与数字出版的融合发展。

"异步图书"是异步社区策划出版的精品 IT 图书的品牌,依托于人民邮电出版社在计算机图书领域四十余年的发展与积淀。异步图书面向各行业的信息技术用户。

# 目 录

## 第 1 章 解构 RAG ... 1
### 1.1 LLM 应用概述 ... 1
#### 1.1.1 LLM 应用的基本模式 ... 1
#### 1.1.2 LLM 应用的局限性 ... 3
### 1.2 引入 RAG ... 4
#### 1.2.1 RAG 核心概念 ... 4
#### 1.2.2 RAG 的组成结构 ... 6
#### 1.2.3 RAG 的应用场景 ... 8
### 1.3 RAG 的技术体系 ... 9
#### 1.3.1 基础 RAG ... 9
#### 1.3.2 高级 RAG ... 9
#### 1.3.3 模块化 RAG ... 10
#### 1.3.4 智能体 RAG ... 10
### 本章小结 ... 11

## 第 2 章 使用 LlamaIndex 实现 RAG ... 13
### 2.1 LlamaIndex 概述 ... 13
#### 2.1.1 LlamaIndex 的工作流程 ... 14
#### 2.1.2 LlamaIndex RAG 技术组件 ... 15
### 2.2 提示词 ... 18
#### 2.2.1 提示词结构 ... 19
#### 2.2.2 提示词模板 ... 20
#### 2.2.3 定制化提示词 ... 22
### 2.3 文档与索引 ... 24
#### 2.3.1 文档加载和解析 ... 24
#### 2.3.2 索引创建和管理 ... 30

## 2 目录

- 2.4 上下文检索 ... 34
  - 2.4.1 创建多样化检索器 ... 34
  - 2.4.2 构建高级检索机制 ... 37
- 2.5 响应结果处理 ... 39
  - 2.5.1 后处理器 ... 40
  - 2.5.2 响应整合器 ... 42
- 2.6 构建查询引擎 ... 44
  - 2.6.1 查询引擎的基础用法 ... 44
  - 2.6.2 查询引擎的高级用法 ... 45
- 本章小结 ... 46

## 第3章 使用 RAG 构建文档聊天助手 ... 47

- 3.1 文档 RAG 工作机制 ... 47
  - 3.1.1 初始化 OpenAI 模型 ... 48
  - 3.1.2 OpenAI 模型的功能特性 ... 50
  - 3.1.3 OpenAI 消息类型 ... 50
- 3.2 实现文档处理与聊天引擎 ... 52
  - 3.2.1 使用 DirectoryReader 读取文档 ... 52
  - 3.2.2 基于 VectorStoreIndex 构建索引 ... 54
  - 3.2.3 实现聊天引擎 ... 56
- 3.3 基于 Streamlit 运行 RAG 应用 ... 60
  - 3.3.1 使用 Streamlit 构建可视化系统 ... 60
  - 3.3.2 整合 Streamlit 与文档聊天助手 ... 63
  - 3.3.3 执行效果演示 ... 64
- 本章小结 ... 66

## 第4章 使用 RAG 实现多模态内容解析器 ... 67

- 4.1 引入多模态 RAG ... 67
- 4.2 LlamaIndex 多模态技术 ... 69
- 4.3 实现图像解析与存储 ... 71
  - 4.3.1 处理图像文件 ... 71
  - 4.3.2 执行图像解析 ... 73

  4.3.3 集成图像持久化 ·············································································· 77

  4.3.4 执行效果演示 ·············································································· 79

本章小结 ······································································································· 84

## 第 5 章 使用 RAG 实现数据库检索器

5.1 使用非结构化数据访问 RAG ········································································· 85

5.2 实现基础版数据库检索器 ············································································· 87

  5.2.1 创建 SQLDatabase ······································································· 87

  5.2.2 创建 NLSQLTableQueryEngine 实例 ····················································· 90

5.3 LlamaIndex 数据库检索技术 ·········································································· 91

5.4 实现高阶版数据库检索器 ············································································· 92

  5.4.1 整合向量存储和检索 ····································································· 93

  5.4.2 实现 SQLAutoVector 检索 ······························································· 97

  5.4.3 实现 SQL Join 检索 ····································································· 104

本章小结 ····································································································· 105

## 第 6 章 使用 RAG 搭建知识图谱系统

6.1 知识图谱与 GraphRAG ·············································································· 107

  6.1.1 知识图谱技术 ············································································ 107

  6.1.2 GraphRAG 基本结构 ···································································· 109

6.2 LlamaIndex 图处理技术 ·············································································· 110

  6.2.1 使用属性图构建知识图谱 ······························································ 110

  6.2.2 图数据库集成 ············································································ 111

6.3 知识图谱系统实现 ···················································································· 112

  6.3.1 使用 GraphExtractor 构建图结构 ····················································· 112

  6.3.2 构建 PropertyGraphIndex ······························································ 114

  6.3.3 创建 Retriever 和 QueryEngine ······················································· 118

  6.3.4 集成图数据库 ············································································ 120

6.4 实现 RAG 的可观测性 ··············································································· 122

  6.4.1 链路追踪基本原理 ······································································ 122

  6.4.2 基于 Phoenix 追踪 RAG ······························································· 123

本章小结 ····································································································· 125

# 第 7 章 使用 RAG 集成工作流引擎 ... 127

## 7.1 工作流 RAG 场景分析 ... 128
## 7.2 LlamaIndex 的工作流组件 ... 128
### 7.2.1 LlamaIndex 工作流核心概念 ... 128
### 7.2.2 LlamaIndex 工作流开发模式 ... 130
### 7.2.3 LlamaIndex 工作流功能特性 ... 133
### 7.2.4 LlamaIndex 查询管道机制 ... 136
## 7.3 基于工作流实现自定义 ReActAgent ... 138
### 7.3.1 ReAct 工作流设计 ... 139
### 7.3.2 ReAct 工作流实现步骤 ... 141
### 7.3.3 执行效果演示 ... 146
## 7.4 基于工作流实现 CRAG ... 148
### 7.4.1 CRAG 基本概念 ... 148
### 7.4.2 CRAG 实现步骤 ... 149
### 7.4.3 执行效果演示 ... 156
## 本章小结 ... 158

# 第 8 章 使用 RAG 构建多 Agent 系统 ... 159

## 8.1 多 Agent 系统场景分析与设计 ... 159
## 8.2 LlamaIndex Agent 技术详解 ... 161
### 8.2.1 理解 Agent 机制 ... 161
### 8.2.2 LlamaIndex Agent 组件 ... 164
## 8.3 多 Agent 文档处理系统实现 ... 169
### 8.3.1 实现两层文档处理 Agent ... 170
### 8.3.2 执行效果演示 ... 173
## 8.4 多 Agent 智能客服助手实现 ... 175
### 8.4.1 业务分析和系统设计 ... 175
### 8.4.2 实现协调类 Agent ... 177
### 8.4.3 实现任务类 Agent ... 184
### 8.4.4 执行效果演示 ... 189
## 本章小结 ... 192

# 第 1 章

# 解构 RAG

大语言模型（Large Language Model，LLM，简称大模型）是通过大量数据训练而成的模型，能够生成连贯文本、理解自然语言并回答问题。作为基础技术，LLM 提供了强大的语言理解和生成能力，构成了复杂人工智能系统的基石。

RAG（Retrieval-Augmented Generation，检索增强生成）是当前备受关注的 LLM 前沿技术之一。它结合了传统信息检索技术和最新的生成式模型，首先从大型知识库中检索与查询最相关的信息，然后基于这些信息生成回答。可以说，RAG 是在 LLM 基础上的扩展或应用，利用 LLM 的生成能力和外部知识库的丰富信息提供更准确、更全面的输出。

简单来说，RAG 是一种方法，在将提示词（prompt）发送给 LLM 之前，先从数据中找到并注入相关信息片段。这样，LLM 能够获得预期的相关信息，并据此进行回复，从而减少幻觉的可能性。

在本章中，我们将从 LLM 应用的基本模式入手，逐步引入 RAG 的核心概念、组成结构及其应用场景。同时，我们还将深入探讨与 RAG 相关的各种技术体系，以期为读者提供全面的内容。

## 1.1 LLM 应用概述

本节旨在探讨 LLM 应用的基本模式，并指出这些模式中普遍存在的局限性，为引出 RAG 技术提供必要的理论背景。

### 1.1.1 LLM 应用的基本模式

在 LLM 领域，对话系统是最基础且最常见的应用形式。对话系统指的是一种设计用于实现自然语言交流的软件系统,适用于客户服务、信息查询、虚拟助手等多种应用场景。其核心功能在于理解用户的输入(通常为文本形式),并据此生成适当的响应。对话系统一般由以下主要组件构成。

- 理解(understanding):分析和解释用户的输入。
- 对话管理(dialogue management):确定如何回应用户,同时管理和维护对话的状态与上下文。
- 生成(generation):创建自然语言的回应。

对话系统可以基于规则构建(依赖预定义的规则和模式),也可以由数据驱动(利用机器学习模型,如 LLM)。对于后者,聊天模型(chat model)是一个特别重要的概念。聊天模型作为对话系统的一种特定应用,专门设计用于进行闲聊和非正式对话。这类模型的主要目标是提供自然流畅的对话体验,而不一定专注于完成特定任务或提供精确信息。聊天模型着重于以下两个方面。

- 对话流畅性:确保对话自然连贯。
- 多样性:能够处理多种话题,产生创意且有趣的回应。

在实际应用中,聊天模型常常作为对话系统的一个组成部分,特别是在需要与用户进行自由交流和互动的场景下。例如,我们当前关于 LLM 的讨论就可以被视为一种聊天模型的应用,它不仅能够提供有趣且自然的对话体验,也能够应对各种问题。

此外,LLM 在文本生成方面表现出色(这是其核心应用之一),涉及自动生成自然语言文本以完成多种任务或满足特定需求。LLM 可以根据输入的提示词生成连贯且上下文相关的文本,具体可创建以下类型的内容。

- 故事和文章:生成完整的故事情节或文章段落。
- 对话和回应:模拟对话并生成自然的对话回应。
- 总结和重述:对给定内容进行总结或以不同方式重述。
- 创意写作:创作诗歌、歌词等富有创意的内容。
- 翻译和转述:将文本翻译成其他语言或以不同的风格进行转述。

为了引导 LLM 生成所需的文本,用户可以采用以下策略。

- 提示工程:设计精准的用户提示词和系统提示词,以指导模型生成特定类型的文本。
- 参数调整:通过调整文本长度、风格、创意性等属性来优化输出效果。

当然,除了对话系统和文本生成以外,LLM 在图像处理中的应用也日益多样化。尽管 LLM 本身并不直接处理图像,但它们可以通过与图像处理技术的结合,提供辅助和增强功能。此外,虽然 LLM 在语音和视频处理领域的成熟度不及文本和图像处理，但其应用场景正在不断增加，并显著增强了这两个领域的功能和用户体验。

当前主流的 OpenAI 提供了丰富的功能。

- 在图像处理方面，OpenAI 提供了 DALL-E 模型。
- 在语音处理方面，则有 Whisper 这一强大的自动语音识别系统，主要用于将语音转换为文本。
- OpenAI 还推出了首个视频生成模型 Sora，它继承了 DALL·E 3 的高质量图像生成能力，能够创建丰富的高清视频内容。

关于 LLM 应用的基本模式，读者可参考 OpenAI 等主流 LLM 平台的相关资料进行更深入的学习。

## 1.1.2 LLM 应用的局限性

尽管 LLM 凭借其对人类语言的出色理解能力已在多个领域广泛应用，但它们仍然存在一定的局限性，主要体现在幻觉、上下文长度限制和知识局限等方面。

1. 幻觉

幻觉是指 LLM 输出与实际事实不符或没有来源的错误信息。产生这一现象的原因有以下几个。

- 语料库偏差：训练语料库中可能包含不正确的事实描述。
- 数据不足：某些特定领域的知识和经验因训练数据不足而未能充分学习。
- 过度生成：在缺乏明确指示或约束条件下，模型可能会生成看似合理但实际上不真实的超预期内容。
- 模糊输入：问题或任务描述不够清晰，导致歧义。

了解幻觉产生的原因后，我们可以更清楚地识别其表现形式，以下是常见的几种。

- 输入冲突幻觉：LLM 生成的内容与用户提供的源输入相矛盾。
- 上下文冲突幻觉：生成的内容与其自身之前生成的上下文信息不符。
- 事实冲突幻觉：生成的内容违背已知的事实，即所谓的"一本正经的胡说八道"。

这些幻觉现象会损害用户对 LLM 输出的信任。如果无法准确判断 LLM 生成内容的真实性，我们可能会接收错误的信息，进而影响决策过程和判断。

2. 上下文长度限制

LLM 应用的局限性还体现在对话的上下文长度处理上。现有的 LLM 在处理长文本时存在一定的局限，这主要归因于它们大多基于 Transformer 模型构建。尽管 Transformer 模型显著推动了自然语言处理技术的发展，但其自身也存在一些局限性。

具体而言，在处理超长上下文时，Transformer 模型难以保持对所有相关部分的记忆，导致分析和输出内容可能出现不完整或错误的情况。此外，随着文本长度的增加，Transformer 模型所需的计算资源呈指数级增长。因此，出于成本和效能的考量，当前大多数 LLM 所支持的上下文长度较为有限。

这种上下文长度的限制，影响了 LLM 在实现持续且连贯的聊天功能时的效果，成为制约其应用表现的一个重要因素。

3. 知识限制

这一点较为直观：LLM 的知识来源于预训练数据，而这些数据主要来自互联网上的公开语料及人类历史上累积的公共信息，仅代表了人类产生数据的一部分。非公开的企业级私有数据并未包含在内，这导致 LLM 无法胜任所有任务，尤其是在高度专业化的领域。

此外，由于对公开数据的训练存在滞后性，LLM 应用还面临知识时效性的限制。随着新知识的不断涌现，LLM 完成预训练后所固化的知识可能很快变得过时。一旦人类知识更新，旧的知识不再准确，LLM 便无法自行更新或剔除这些信息，必须等到下一次版本迭代时通过识别和更新相关训练数据来纠正。对于实时性要求较高的应用场景，这种机制显然无法满足用户需求，因此需要引入新的技术体系以实现及时的知识更新和维护。

## 1.2 引入 RAG

为了解决 LLM 应用中的局限性，我们引入了 RAG 技术。本节介绍 RAG，并探讨其核心概念。

### 1.2.1 RAG 核心概念

关于 RAG，我们需要明确几个基本概念：它的基本模型是什么，它具有哪些价值，以及它的组成结构和应用场景。以下是对这些概念的概述。

1. RAG 的基本模型

我们可以从 RAG 的字面意思对其背后的概念做进一步解析。所谓的检索增强生成，指的就是一种融合了检索（retrieval）和生成（generation）的自然语言处理方法，旨在提升 LLM 在特定任务上的表现。图 1-1 展示了 RAG 的基本模型。

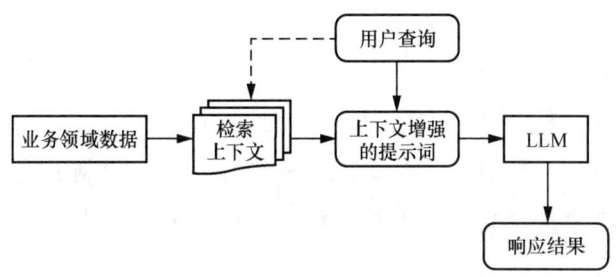

图 1-1 RAG 的基本模型

在 RAG 中，首先利用检索系统从文档集合中找到与用户查询相关的资料或信息，这通常依赖于一个能快速找到相关文档的索引机制。随后，将检索到的相关资料作为上下文输入 LLM 的生成模型，该模型则基于这些上下文生成回复或完成任务。

2. RAG 的优势分析

RAG 是自然语言处理领域的一个热门研究方向，许多研究者和开发者正在探索其在不同应用场景中的潜力。RAG 具备以下优势。

- 减少 LLM 幻觉。RAG 能够通过提供准确、基于事实的外部知识来源，减少 LLM 生成不实或误导信息的可能性。
- 突破上下文长度限制。借助 RAG，LLM 可以克服自身上下文长度的限制，通过分块和向量化处理，实现更高效的信息检索和处理。
- 获取最新知识。由于 LLM 存在知识更新的截止日期，RAG 允许从外部资源检索最新相关信息，确保模型响应的时效性和准确性。
- 提高可追溯性：使用 RAG 时，聊天内容的来源更加透明，有助于用户验证生成的内容，并优化 LLM 的表现。

3. 对比 RAG 和微调

在提升 LLM 应用性能和用户体验方面，业界主要采用两种方法——微调（fine-tuning）和 RAG。微调涉及使用特定数据集对 LLM 进行额外训练，以优化其在特定任务或领域中的表现。这种方法通常用于使模型专业化且能够改善其在特定上下文中的准确性。以下是对这两种方法的对比。

- 减少幻觉：RAG 通过引入外部数据源来减少 LLM 的幻觉问题，确保响应基于事实；微调则依赖特定领域的数据训练来降低幻觉风险，但面对未知输入时仍可能出现幻觉。
- 知识获取：RAG 能够高效访问包括文档、数据库乃至多媒体信息（如图片、语音和视频等）在内的各种外部资源；而微调利用预训练模型中固有的知识，不适合处理需要频繁更新的数据。
- 知识时效：RAG 支持实时检索最新知识，非常适合动态环境，无须重新训练模型；而微调后的模型包含静态知识，更新知识需要重新训练。
- 模型定制：RAG 专注于信息检索和整合外部知识，可能限制了模型行为或文本生成风格的定制化；而微调允许根据特定需求调整 LLM 的行为、文本生成风格，例如，完成基于自然语言输入转化为 SQL 查询语句的任务。
- 可解释性：RAG 提供的上下文可以直接追溯到数据源，增加了模型输出的透明度和用户信任；而微调更像是一个黑盒，降低了模型决策的可解释性和用户信任。
- 计算资源：RAG 需要支持检索策略和技术的计算资源以及实时更新的知识库；而微调需要准备高质量的训练数据，并且计算成本和时间开销较大。
- 延迟要求：RAG 执行前需要预处理和向量化知识库数据，存在一定的延迟；而微调后的模型由于知识已固化在参数中，响应速度较快。

选择哪种方法取决于具体的应用场景。对于定制化要求高且知识相对稳定的情况，微调可能是更好的选择；而对于需要实时更新的知识库，RAG 更合适。在某些情况下，结合两者可以提供最佳性能，同时满足灵活性和定制需求。

通常，微调耗费的计算资源和时间较多。而 RAG 通过检索外部数据源避免了 LLM 的再训练，降低了计算成本，提高了效率和灵活性。因此，在考虑实施部署的成本效益时，建议优先尝试 RAG，若 LLM 的表现未达预期，则可考虑结合两种方法。

既然 RAG 这么有用，那么，它又是怎么组成的呢？我们继续往下看。

### 1.2.2　RAG 的组成结构

在实现过程中，除了最终的生成阶段以外，RAG 通常还包括两个典型的阶段——索引阶段和检索阶段。

1. 索引阶段

索引阶段旨在对文档进行预处理，以支持后续检索过程中的高效搜索。这一过程根据所采用的信息检索方法而异，在 LLM 开发中，我们常使用向量搜索（vector search）技术，也称作语义搜索（semantic search）技术。在此阶段，文本文档经由嵌入模型（embedding model）转换为数字向量，这些向量能够捕捉文本的深层语义特征，并通过余弦相似度或其他相似性度量标准来查找和排序与查询最相关的文档。

对于向量搜索，索引阶段包括清理文档、丰富其内容（添加额外数据和元数据）、将文档分割成更小的片段、执行嵌入操作，以及最终将这些嵌入向量存储在向量数据库中。索引工作一般在离线状态下完成，即不需要用户等待其完成。这可以通过定时任务机制定期更新索引，或通过专门的应用程序仅处理索引任务。然而，当用户上传自定义文档并希望立即访问 LLM 时，索引过程则需要在线进行，并集成到应用程序中。

图 1-2 展示了 RAG 索引阶段的工作流程。

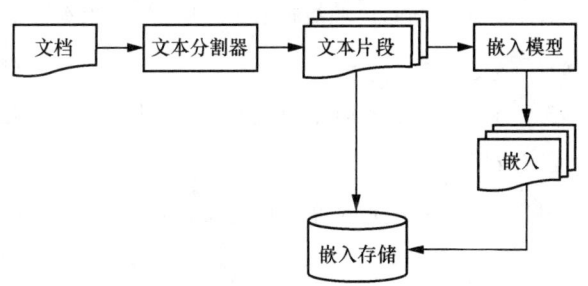

图 1-2　RAG 索引阶段的工作流程

如图 1-2 所示，索引阶段涉及多个核心概念。简而言之，在 RAG 的索引阶段，文档（document）被输入系统后，首先通过文本分割器（text splitter）分解为较小的片段，即文本片段（segment）。每个片段随后经过嵌入模型处理，转换成能表达其语义信息的数值向量——嵌入（embedding）。这些嵌入向量随后被存储在嵌入存储（embedding store）中，这是一种专用于存储和管理向量数据的数据库。通过这种方式，文档的语义内容得以有效转换和存储，从而为检索阶段的高效搜索和生成任务打下了坚实的基础。

2. 检索阶段

检索阶段通常在线上进行，当用户提交一个问题时，系统需要利用已索引的文档来生成回答。此过程会根据所使用的信息检索方法有所不同。在采用向量搜索技术的情况下，它涉及将用户的查询嵌入，并在嵌入存储中执行相似性搜索。随后，系统从搜索结果中选取与原始文档相关的片段，作为上下文信息注入提示词中，发送给 LLM 以获取响应。

图 1-3 展示了 RAG 检索阶段的工作流程。

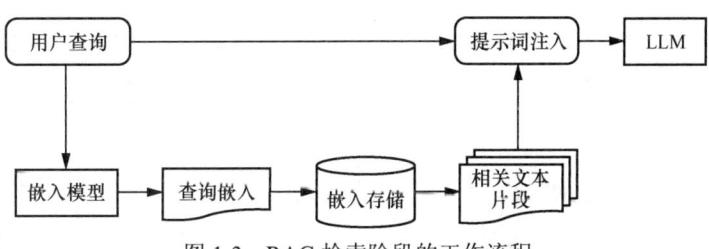

图 1-3　RAG 检索阶段的工作流程

如图 1-3 所示，RAG 检索阶段的工作流程包括以下几个关键概念。
- 用户查询（query）：流程始于用户提交的查询。
- 查询嵌入（query embedding）：查询被输入系统中，通过嵌入模型处理，转换成数字向量。
- 嵌入存储：在嵌入存储中执行搜索，该存储包含了索引阶段生成的所有文档嵌入向量。
- 相关文本片段（relevant segment）：通过比较查询嵌入与嵌入存储中的嵌入向量，系统识别出最相关的文档片段。
- 提示词注入：相关文档片段随后被提取并与用户查询一起注入提示词，提供给 LLM 以生成最终的响应或完成特定任务。

整个检索阶段确保了用户查询的语义内容能够与文档内容有效匹配，从而支持生成更精准和上下文敏感的回答。

## 1.2.3　RAG 的应用场景

RAG 技术的应用范围广泛，结合集成性开发框架的支持，可以实现以下典型需求。
- 领域驱动的知识库系统：RAG 能够整合企业级私有数据，通过检索相关信息生成回答。这种方式使得 RAG 能提供更准确、详细的答案，特别是在需要深厚背景知识的情况下。针对不同行业，业务人员可收集符合行业和公司特性的专业信息，开发者则利用 RAG 将这些信息转化为结构化嵌入，并与 LLM 集成，以构建满足各种问答需求的系统。
- 智能客服平台：借助 RAG，可以建立一个高效的智能客服平台。该平台可以使用文本分割器处理大量的客户服务文档、问答集和产品手册等资料，形成丰富的嵌入式知识库。当客户提出问题时，系统会将查询转化为查询嵌入，执行相似性搜索以找到最相关的文档片段，这些片段随后被注入生成任务中，由 LLM 进行分析并生成精准、个性化的回复。此外，系统还能根据客户的交互历史和偏好提供定制化服务，提升用户体验。
- 智能推荐系统：在商品销售、图书浏览、消息推送等场景下，RAG 可以根据用户的历史行为、兴趣偏好及实时交互数据，在知识图谱中挖掘潜在关联，生成高度个性化的推荐内容，进而构建灵活的智能推荐系统。同时，通过解释推荐理由，增强系统的透明度和用户信任度。
- 数据分析平台。RAG 通过分解文档内容、将其嵌入并存储，支持构建高效的数据分析平台。它利用嵌入模型将文本转化为向量，存储在嵌入存储中。当用户发起查询时，系统检索相关向量，生成深度分析和见解，提供智能、个性化的数据分析功能。对于已经拥有大数据平台的企业，可以将 RAG 技术与现有大数据技术相结合，打造数据驱动的决策支持体系。

上述应用场景展示了 RAG 在实际应用中的广泛性和灵活性。实际上，只要具备合适的数据基础，RAG 都可以用于优化数据管理和分析流程，进一步扩展其应用领域。

## 1.3　RAG 的技术体系

伴随技术发展的不同阶段，RAG 的技术体系可以分为 4 种类型：基础 RAG、高级 RAG、模块化 RAG 和智能体 RAG。每种类型代表了不同的发展阶段和技术复杂度。本节将详细探讨这 4 种类型。

### 1.3.1　基础 RAG

基础 RAG 是 RAG 最简单的一种构建方式，其结构如 1.2 节所述，主要由索引和检索两个阶段组成。文档在被分块后进行向量化处理，随后基于用户查询执行相似性检索，最终利用返回的上下文生成答案。这种形式的 RAG 因其灵活性和通用性，成为开发 RAG 应用的基本手段。

目前，像 LlamaIndex、LangChain 这样的主流 LLM 集成框架提供了全面的技术组件，以简化基础 RAG 的实现过程。

### 1.3.2　高级 RAG

高级 RAG（advanced RAG）在基础 RAG 的基础上进行了增强，旨在通过优化查询内容和检索结果来提高检索准确性及输出质量。它包括以下 3 个主要方面的优化。

- 索引优化：在文本数据切分和向量化过程中应用优化技术，目标是创建包含完整语义信息的最小文本分块，并计算这些分块的嵌入向量，以便在高维向量空间中准确定位，为后续检索任务做准备。
- 检索预处理：在执行向量搜索或其他搜索之前对查询文本进行优化，使问题表述更加清晰，从而提高检索精度。常见的做法包括查询压缩、路由和重写等技术。
- 检索后处理：在获得相关上下文分块之后，对其进行优化以减少"噪声"影响，避免 LLM 产生"幻觉"。此外，动态自适应地优化提示词，可以显著提高 LLM 的回答质量。

高级 RAG 同样保持了通用性和灵活性，对于高级 RAG 的支持是选择合适开发框架的重要考量之一。LlamaIndex、LangChain 等主流框架通常会提供必要的功能特性来支持高级 RAG 的实现。在后续章节中，我们将结合具体示例介绍高级 RAG 的多种实现方式。

### 1.3.3 模块化 RAG

模块化 RAG（modular RAG）是高级 RAG 的进阶形式，通过模块化设计搭建整体框架，明确各功能模块的输入和输出，根据具体的应用场景灵活组合这些模块，以形成高效且成本效益高的工作流，完成索引、检索和生成的过程。这不仅提升了 RAG 系统的灵活性，也对整体架构设计提出了更高的要求。

模块化 RAG 的优势主要体现在以下两个方面。

- 灵活性：针对不同应用场景的需求，可以选择最适合的策略和参数，像乐高积木一样自由组合模块，而不破坏现有工作流、数据流和任务框架。
- 集成性：通常与工作流引擎、知识图谱系统等复杂技术组件协同工作，以实现更高级别的功能。

例如，通过知识图谱提供的数据分析工具，可以构建结构化的知识体系，使得检索过程更加高效。又如，在 RAG 中引入一个融合模块，该模块采用多查询策略来扩展用户查询的不同视角，并结合并行向量搜索和智能重排序，以增强信息检索的广度和深度。

模块化 RAG 是一种面向应用的技术体系，需要依据具体的业务需求进行定制化分析和设计。后续章节将通过示例详细说明模块化 RAG 的实现方式。

### 1.3.4 智能体 RAG

从层级上看，LLM 提供了语言理解和生成的基础能力，而 RAG 则在此基础上结合特定知识库来提高输出的准确性和相关性。智能体（agent）进一步利用 LLM 和 RAG 的能力，在更高层次上执行任务，基于其感知和决策机制在各种环境中做出响应。

智能体是指具有感知环境并据此做出决策或响应能力的实体。它们能够利用 LLM 进行自然语言处理，并借助 RAG 技术获取和利用知识，在广泛的情境中做出决策和执行任务。智能体位于应用层，代表了 LLM 和 RAG 技术在特定环境下的集成应用。

智能体 RAG（agentic RAG）是检索-生成模型架构的高级形态，它允许智能体根据不同的应用场景动态调用和协调各个模块，以完成复杂任务。在这种体系中，LLM 不仅参与最终响应的生成，还会参与到整个 RAG 流程中，包括根据用户输入选择合适的模块、评估输出结果以及优化未来的搜索方案。

智能体 RAG 可以应用于多个领域，如问答、客户服务、教育等，构建出不同类型的智能代理。此外，还可以组合多个智能体来创建混合智能体（Mixture-of-Agents，MoA）架构，以应对更为复杂的任务需求。

## 本章小结

  本章概述了 RAG 的各个方面，包括传统 LLM 应用的基本模式及其局限性、RAG 的核心概念与组成结构、应用场景和技术体系。我们明确了实现 RAG 的 4 种类型——基础 RAG、高级 RAG、模块化 RAG 和智能体 RAG，并强调了从基础技术到应用技术再到实际应用的逐级深化关系。这为引入具体的技术框架以实现 RAG 系统奠定了理论基础。

# 第 2 章
# 使用 LlamaIndex 实现 RAG

LlamaIndex 是一个主流的 RAG 开发框架，它使开发者能够快速创建适应特定应用场景的智能应用。通过 LlamaIndex，不仅可以利用 LLM 预训练的通用知识，还能注入业务领域的特定信息，使 LLM 能够提供更加准确和相关的回答。该框架提供了一种简便的方式，将外部数据集与如 GPT、Claude 等主流 LLM 连接起来，从而在企业的自定义知识库和 LLM 的广泛能力之间架起一座桥梁。

举例来说，借助 LlamaIndex，我们可以实现对公司文档集合的统一管理。当业务人员提出与业务相关的问题时，经过 LlamaIndex 增强的 LLM 可以根据实际数据给出答案。这种方式不仅最大限度地减少了错误或不相关信息的出现，还充分利用了 LLM 的强大表达能力。LlamaIndex 指导 LLM 从提供的可信数据源中提取信息，这些数据源可以是结构化或非结构化的，并且实际上几乎涵盖了所有可用的数据类型。

本章将深入探讨 LlamaIndex 为开发者提供的上述功能。我们将介绍 LlamaIndex 中的各个核心技术组件，以理解其功能特性和使用方法，为后续章节中针对特定场景的设计和实现打下坚实的基础。

## 2.1 LlamaIndex 概述

为了简化 RAG 应用的开发，并降低业务场景与 LLM 之间的集成成本，LlamaIndex 内置了一组强大的技术组件。本节将介绍这些组件及其工作流程。

## 2.1.1 LlamaIndex 的工作流程

在深入探讨 LlamaIndex 的功能特性和具体使用方法之前,我们先对其整体架构有一个宏观的认识。

作为一个 RAG 开发框架,LlamaIndex 能够获取、构建和访问私有或特定领域的数据,通过自然语言处理建立了与多种数据源之间的桥梁。这些数据源可以是企业数据库、Excel 等结构化数据,也可以来自搜索引擎、业务系统 API(Application Programming Interface,应用程序接口)等半结构化数据,更多的是文本、邮件、PDF、PPT、视频、音频、图片等非结构化数据源。因此,从定位上讲,LlamaIndex 也可以被视为一个专注于构建数据驱动应用程序的数据开发框架。图 2-1 展示了 LlamaIndex 的基本工作流程。

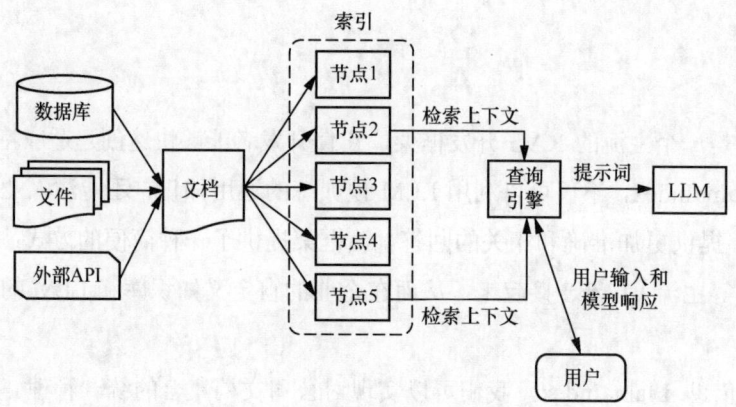

图 2-1 LlamaIndex 的基本工作流程

如图 2-1 所示,LlamaIndex 的基本工作流程包括以下几个步骤。

(1)加载数据作为文档:将各种来源的数据加载到系统中,视为待处理的文档。

(2)解析为连贯节点:将文档解析成一系列连贯的节点,便于后续处理。

(3)构建优化索引:基于节点创建优化的索引结构,以支持高效的查询操作。

(4)检索相关节点:在索引上执行查询,以找到与用户请求最相关的节点。

(5)整合并返回响应:将检索到的信息整合成最终的响应,并返回给用户。

虽然这些步骤看似与其他数据应用程序相似,但 LlamaIndex 的独特之处在于它能够通过查询引擎与 LLM 进行交互。具体来说,LlamaIndex 接收由检索器选定的节点,对其进行处理,并格式化为包含查询及节点上下文的提示词。该提示词随后通过查询引擎传递给 LLM 以生成响应。查询引擎负责对原始响应进行必要的处理,确保最终返回的是经过优化的自然语言答案。

通过对 LlamaIndex 工作流程的梳理，我们可以提取出以下构建 RAG 应用的关键技术组件。
- 文档（document）：原始数据的集合。
- 节点（node）：从文档中解析出的逻辑单元或片段。
- 索引（index）：根据应用场景组织节点的数据结构，以支持高效的检索操作。
- 查询引擎（query engine）：包含检索器、节点处理器和响应处理器，用于处理用户查询并生成最终响应。

理解这些技术组件对于有效使用 LlamaIndex 至关重要，它们使开发者能够以结构化的方式将外部数据与 LLM 连接起来。

现在，你已经掌握了 LlamaIndex 的基本工作流程，并熟悉了一组核心的技术组件。接下来，我们将通过构建一个实际示例来加深你对 LlamaIndex 的理解与应用。

## 2.1.2 LlamaIndex RAG 技术组件

在本小节中，我们将基于前面介绍的一组 LlamaIndex 技术组件来构建一个可运行的 RAG 基础示例，并剖析 LlamaIndex 的代码结构，以更好地理解其设计思想和功能特性。

### 1. LlamaIndex 基础示例

现在，让我们开始创建一个 LlamaIndex 应用。首先，需要初始化开发环境。这一过程并不复杂，但需要注意的是，你需要安装 Python 3.7 或更高版本，因为某些 LLM 集成开发库对 Python 版本有特定要求。例如，OpenAI 官方提供的 Python 客户端库 openai 需要运行在 Python 3.7 及以上版本。为了统一，在本书的所有示例中，我们将使用 Python 3.9 作为运行版本。

一旦设置了 Python 运行环境，可以通过以下命令安装 LlamaIndex 及其相关组件。

```
pip install llama-index
```

完成开发环境的初始化后，我们可以引入 LlamaIndex 的相关包并实现一个简单的 RAG 应用。以下是具体的代码示例。

```python
from llama_index.core import Document, SummaryIndex
from llama_index.core.node_parser import SimpleNodeParser
from llama_index.readers.wikipedia import WikipediaReader

# 初始化数据加载器
loader = WikipediaReader()
# 创建文档
documents = loader.load_data(pages=["Shanghai"])
# 初始化节点解析器
parser = SimpleNodeParser.from_defaults()
# 获取节点
nodes = parser.get_nodes_from_documents(documents)
# 创建索引
```

```
index = SummaryIndex(nodes)
# 创建查询引擎
query_engine = index.as_query_engine()
print("对上海进行提问")

question = "Where is Shanghai?"
response = query_engine.query(question)
print(response)
```

这段简短的 Python 代码实现了从维基百科读取内容、解析为节点、构建索引并执行查询的功能，构成了一个完整的智能对话系统。我们对关键语句进行了注释，以便更好地理解其实现逻辑。

- Document：通过 WikipediaReader 从维基百科读取目标页面，并根据页面内容提取文档。
- Node：利用 SimpleNodeParser 对文档进行解析，获取一组节点。
- Index：基于已解析的节点构建了一个 SummaryIndex，它将节点以顺序链的形式存储。
- QueryEngine：基于索引构建查询引擎，并通过其 query 方法执行查询操作，该过程包括检索相关节点、向 LLM 发送提示词并返回最终响应。

这段代码展示了如何遵循 LlamaIndex 的基本工作流程，并充分利用其提供的技术组件来构建 RAG 应用。

结合 LlamaIndex 的工作流程，可以看到，上述代码的执行过程是相对固化的。开发者的主要任务是选择合适的 Reader，从不同的数据源中获取数据，并交由 LlamaIndex 处理。以下是上述代码的执行结果。

```
对上海进行提问
Where is Shanghai?
Shanghai is located in the eastern part of China.
```

若要深入了解 LlamaIndex 内部的具体运行过程，可以启用日志记录功能。LlamaIndex 提供了详细的日志语句，逐步展示索引和查询过程中发生的操作。启用基本日志记录的方法非常简单，具体代码如下。

```
import logging

logging.basicConfig(level=logging.DEBUG)
```

启用日志记录后，重新与系统对话将得到以下执行结果（为了简洁，部分内容已裁剪）。

```
DEBUG:urllib3.connectionpool:Starting new HTTP connection (1): en.wikipedia.org:80
DEBUG:urllib3.connectionpool:http://en.wikipedia.org:80 "GET /w/api.php?list=search&srprop=
&srlimit=1&limit=1&srsearch=Shanghai&srinfo=suggestion&format=json&action=query HTTP/11"
301 0
DEBUG:urllib3.connectionpool:Starting new HTTPS connection (1): en.wikipedia.org:443
DEBUG:urllib3.connectionpool:https://en.wikipedia.org:443 "GET /w/api.php?list=
search&srprop=&srlimit=1&limit=1&srsearch=Shanghai&srinfo=suggestion&f
```

```
...
DEBUG:llama_index.core.node_parser.node_utils:> Adding chunk: Shanghai, is the...
DEBUG:llama_index.core.node_parser.node_utils:> Adding chunk: == Etymology ==

Over the past 3,000 years, the...
DEBUG:llama_index.core.node_parser.node_utils:> Adding chunk: === Ming dynasty ===

In 1368, soon after decla...
DEBUG:llama_index.core.node_parser.node_utils:> Adding chunk: === Qing dynasty ===

...
Shanghai is conne...
DEBUG:llama_index.core.node_parser.node_utils:> Adding chunk: ==== Other airports ====
With the opening of th...
DEBUG:llama_index.core.node_parser.node_utils:> Adding chunk: === Bicycles ===

Shanghai has long been well kn...
DEBUG:llama_index.core.node_parser.node_utils:> Adding chunk: == Nature and wildlife ==
Shanghai Municipality ...
INFO:numexpr.utils:NumExpr defaulting to 16 threads.
对上海进行提问
...
DEBUG:openai._base_client:Sending HTTP Request: POST https://api.openai.com/v1/chat/completions
DEBUG:httpcore.http11:send_request_headers.started request=<Request [b'POST']>
DEBUG:httpcore.http11:send_request_headers.complete
DEBUG:httpcore.http11:send_request_body.started request=<Request [b'POST']>
DEBUG:httpcore.http11:send_request_body.complete
DEBUG:httpcore.http11:receive_response_headers.started request=<Request [b'POST']>
...
Shanghai is located in the eastern part of China.
INFO:httpx:HTTP Request: POST https://api.openai.com/v1/chat/completions "HTTP/1.1 200 OK"
DEBUG:httpcore.http11:receive_response_body.started request=<Request [b'POST']>
DEBUG:httpcore.http11:receive_response_body.complete
DEBUG:httpcore.http11:response_closed.started
DEBUG:httpcore.http11:response_closed.complete
...
```

通过这些调试日志，我们可以分析 LlamaIndex 内部的操作。由于篇幅关系，这里省略了很多原始数据，但我们还是可以从有限的日志中分析 LlamaIndex 内部的以下操作。

- 如何将文档解析成节点。
- 如何决定使用哪种索引结构。
- 如何为 LLM 格式化提示词。
- 如何根据查询检索相关节点。
- 如何基于节点构建最终响应。

此外，日志还记录了 LlamaIndex 与 LLM 之间交互的有用信息，例如通过 API 调用消耗的令牌数、响应延迟，以及过程中产生的任何警告或错误信息。请注意，这里我们使用的是 OpenAI

作为 LLM 服务提供商。为了确保 LlamaIndex 能与 OpenAI 这样的 LLM 顺利协作，配置诸如 API Key 和 Temperature 等关键参数是必不可少的，这些将在后续章节中深入讨论。目前，我们关注的重点在于理解构建基于 LlamaIndex 的 RAG 应用的基本步骤和技术组件。

2. LlamaIndex 代码结构

在掌握 LlamaIndex 的基本功能和开发模式之后，你可能想要深入了解其背后的实现方式。为了更好地理解和使用 LlamaIndex，对它的代码结构有一个概览是大有裨益的。自 0.10 版本起，LlamaIndex 的代码经历了全面的重构，形成了一个更为模块化的架构。这一新架构旨在提升效率，避免加载不必要的依赖项，同时增强了代码的可读性和整体开发者体验。图 2-2 给出了 LlamaIndex 的代码库结构。

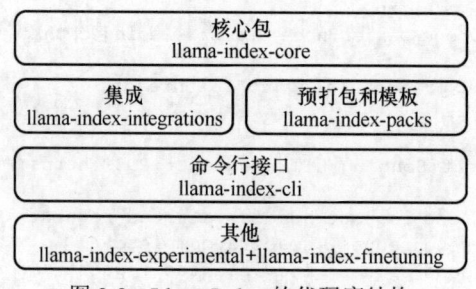

图 2-2　LlamaIndex 的代码库结构

接下来简单介绍 LlamaIndex 的代码库结构及其作用。

llama-index-core 文件夹构成了 LlamaIndex 的基础包，它提供了安装核心框架的可能性，并允许开发者从不同的集成包和 Llama 包中选择性地添加组件，以适应特定应用的需求。

llama-index-integrations 文件夹容纳了多个集成包，这些包扩展了核心框架的功能，使开发者能够利用定制元素（如特定的 LLM、数据加载器、嵌入模型和向量存储等）来构建 RAG 应用。

llama-index-packs 文件夹包含了一系列由社区开发并持续改进的 Llama 包。这些包作为应用开发的现成模板，意在帮助用户快速启动他们的项目。

llama-index-cli 文件夹专为构建 LlamaIndex 命令行界面而设，而 llama-index-experimental 和 llama-index-finetuning 文件夹则分别包含了最新的实验性特性和微调机制。本书不会深入探讨这两个部分的内容，但读者可以根据个人需求进行探索。

## 2.2　提示词

借助 LlamaIndex，开发者能够利用一组标准化的技术组件和参数轻松构建 RAG 应用。在构建 RAG 应用的过程中，用户请求与 LLM 之间的交互至关重要，而这种交互依赖于各种提示词。

在 LLM 领域，设计有效的提示词是一项专门技能，本节将探讨 LlamaIndex 对提示词的支持。

## 2.2.1 提示词结构

当使用如 ChatGPT 这样的 LLM 时，你可能会经历以下交互。

你的输入：

今天是几号？

ChatGPT 的输出：

今天是 2024 年 9 月 15 日，星期天。有什么可以帮到您的吗？

你的输入：

距离国庆节还有几天？

ChatGPT 的输出：

国庆节通常是每年的 10 月 1 日。如果现在是 9 月 15 日，距离国庆节还有约 16 天。希望这个信息对您有帮助！如果有其他问题，随时告诉我。

你的输入：

请给出计算过程。

ChatGPT 的输出：

……

上述简单的交互展示了你与 ChatGPT 之间沟通的核心——你的每一个输入都是一个提示词。在使用 ChatGPT 等 LLM 时，提示词的设计尤为关键，它直接决定了生成回答的质量和相关性。那么，提示词究竟由哪些部分组成呢？

一般认为，提示词的组成包含以下 3 个关键部分。

- 问题或指令。提示词的核心是一个明确的问题、请求或指令，用于指示模型需要生成的内容。例如，在之前的聊天示例中，"今天是几号？"就是一个直接的问题。
- 上下文信息。这里的上下文（context）与软件开发中的概念相似，它为模型提供了聊天过程中所需的信息范围或额外背景，以便模型能够更准确地响应指令。例如，当你询问"距离国庆节还有几天？"时，模型能够从上下文中理解你想问的是从 2024 年 9 月 15 日到国庆节之间的天数。
- 输出要求。这是对模型回答的具体要求，可以是格式、数量等固定条件，也可以是对回答风格等较为灵活的要求。例如，你可以要求 ChatGPT 详细计算并提供从当前日期到国庆节剩余天数的过程。

通过自然语言向 LLM 发出指令，让其完成特定任务的过程称为提示工程（prompt engineering）。可以把提示工程视为一种自然语言编程形式，它允许用户与 LLM 进行复杂交互。

引入提示工程的主要原因有两个方面：第一，自然语言本身具有模糊性，同一句话在不同语境下可能表达完全不同的意思，中文尤其如此；第二，当前 LLM 的逻辑推理能力有限。因此，有效的提示词应该遵循清晰、具体、连贯的原则，以确保对话保持在正确的轨道上，并且涵盖用户感兴趣的主题，从而提供更加吸引人且信息量丰富的体验。

虽然不同的人可能会设计出不同的提示词，但我们可以通过分类来指导提示词的设计。常见的提示词类型包括零样本提示（zero-shot prompting）和小样本提示（few-shot prompting），此外还有一些专门面向应用的提示词，我们称之为应用型提示，包括以下这些。

- 多项选择提示。通过选择下列选项之一来完成句子：[插入句子][选项 1][选项 2][选项 3]。
- 聚类提示。根据情绪将以下客户评论分组：[插入评论]。
- 情感分析。对以下产品评论[插入评论]进行情感分析，并将其分类为积极、消极或中性。
- 命名实体识别。对以下新闻文章[插入文章]执行命名实体识别，并识别和分类其中的人物、组织、地点和日期。
- 文本分类。对以下客户评论[插入评论]进行分类，并根据内容将其归入不同的类别，如服装或家具。

应用型提示非常有用，通常紧密关联具体的业务场景，用户可以根据自己的需求提炼特定的应用型提示。随着后续章节的展开，我们将介绍各种类型的提示词。LlamaIndex 还提供了专门的技术组件来管理这些提示词，这将在接下来的内容中详细介绍。

## 2.2.2 提示词模板

从根本上讲，RAG 应用所遵循的交互规则和原则与用户直接与 LLM 聊天会话时使用的是相同的。主要的区别在于，RAG 实际上扮演了一个增强型"提示工程师"的角色。在底层，对于几乎所有的索引、检索、元数据生成或最终响应，RAG 都会程序化地构造提示词，并且这些提示词富含上下文信息，随后自动发送给 LLM 进行处理。

在 LlamaIndex 中，针对每一种需要与 LLM 交互的操作，都有一个默认的提示词模板（prompt template）。例如，在 2.3 节中将介绍一个名为 TitleExtractor 的技术组件，它专门用于提取文档和节点的元数据中的标题。TitleExtractor 内部使用以下两个预定义的提示词模板来从文本节点中获取标题。

- node_template 提示词模板用于从单个文本节点中抽取潜在标题，并创建提示词以生成合适的标题。

- combine_template 提示词模板则负责将单个节点标题组合成整个文档的综合标题。

这两个提示词模板的定义如下。

```
DEFAULT_TITLE_NODE_TEMPLATE = """ Context: {context_str}. Give a title that summarizes all of  the unique entities, titles or themes found in the context. Title: """

DEFAULT_TITLE_COMBINE_TEMPLATE = """ {context_str}. Based on the above candidate titles and content, what is the comprehensive title for this document? Title: """
```

通过上述两个默认提示词模板，我们可以清晰地理解它们的工作机制。每个模板都由固定文本部分和动态部分组成，其中动态部分由{context_str}或其他变量表示。在运行时，LlamaIndex 会将文本节点的内容注入动态部分，然后将完整的提示词发送给 LLM，运行过程如图 2-3 所示。

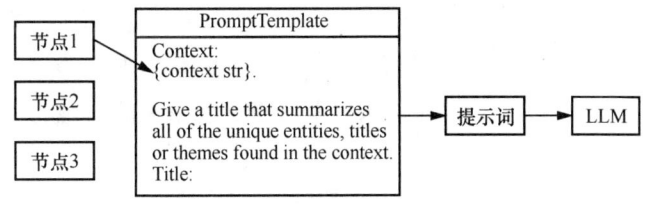

图 2-3　提示词模板的运行过程

可以通过查看 LlamaIndex 的源码来获取上述提示词模板，但在一个包含多个依赖于 LLM 交互组件的 RAG 工作流中，要追踪最终发送给 LLM 的提示词可能会变得复杂。为了简化这一过程，LlamaIndex 提供了一种方法来识别特定组件所使用的提示词，使用方式如下。

```
from llama_index.core import SummaryIndex, SimpleDirectoryReader

documents = SimpleDirectoryReader("files").load_data()
summary_index = SummaryIndex.from_documents(documents)
qe = summary_index.as_query_engine()

prompts = qe.get_prompts()
for k, p in prompts.items():
    print(f"Prompt Key: {k}")
    print("Text:")
    print(p.get_template())
    print("\n")
```

这里引入了 get_prompts 方法，该方法返回一个字典，将键（标识查询引擎使用的不同类型的提示词）映射到值（提示词模板）。上述代码的最后一部分负责迭代并显示这些键及其对应的模板。

执行结果如下。

```
Prompt Key: response_synthesizer:text_qa_template
Text:
Context information is below.
---------------------
{context_str}
```

```
--------------------
Given the context information and not prior knowledge, answer the query.
Query: {query_str}
Answer:

Prompt Key: response_synthesizer:refine_template
Text:
The original query is as follows: {query_str}
We have provided an existing answer: {existing_answer}
We have the opportunity to refine the existing answer (only if needed) with some more context below.
------------
{context_msg}
------------
Given the new context, refine the original answer to better answer the query. If the context isn't useful, return the original answer.
Refined Answer:
```

get_prompts 方法可以与本章后续介绍的检索器、查询引擎、响应整合器以及其他许多 RAG 组件一起使用。这对于理解 RAG 的工作流程以及排查可能出现的问题非常有帮助。

### 2.2.3 定制化提示词

尽管 LlamaIndex 提供的默认提示词在多数情况下可以满足开发需求,但开发者有时仍希望对其进行定制,以适应特定场景的需求。例如,你可能想要调整提示词以执行以下操作。

- 尝试不同的提示词来提高生成内容的性能或质量。
- 融入特定业务场景下的专业知识或术语。
- 调整提示词以匹配特定的对话风格。

通过定制提示词,我们可以微调 RAG 组件与 LLM 之间的交互过程,从而提高 RAG 应用的准确性和有效性。作为一个高度可扩展的 RAG 开发框架,LlamaIndex 允许开发者自定义提示词。

#### 1. 自定义提示词

创建定制化的提示词就像编写格式字符串一样简单。下面是一个使用 PromptTemplate 工具类来定义提示词模板的示例。

```
from llama_index.core import PromptTemplate

template = (
    "We have provided context information below. \n"
    "---------------------\n"
    "{context_str}"
    "\n---------------------\n"
    "Given this information, please answer the question: {query_str}\n"
)
qa_template = PromptTemplate(template)
prompt = qa_template.format(context_str=..., query_str=...)
```

在这个示例中，我们引入了 PromptTemplate 类来创建一个提示词模板，并通过字符串格式化的方法构建了具体的提示词。

对于自定义提示词，LlamaIndex 还提供了一系列高级特性，如部分格式化、模板变量映射和函数映射。这些功能旨在简化提示词的生成过程，同时保持使用的简便性。你可以参考 LlamaIndex 的官方文档以获取更多关于这些特性的信息，这里不赘述。

2. 调整系统提示词

我们来看另一类场景。有时，我们希望优化和更新 LlamaIndex 中默认的提示词，以实现对 LLM 交互过程的灵活控制。例如，在 LlamaIndex 中存在一个名为 text_qa_template 的提示词模板，它用于基于检索到的节点来获取查询的初始答案，定义如下。

```
Context information is below.
---------------------
{context_str}
---------------------
Given the context information and not prior knowledge, answer the
query.
Query: {query_str}
Answer:
```

如果我们想要定制化更新上述提示词模板，以便让系统能够以莎士比亚的风格进行回答，那么可以编写以下新的提示词模板。

```
new_qa_template = (
    "Context information is below.\n"
    "---------------------\n"
    "{context_str}\n"
    "---------------------\n"
    "Given the context information and not prior knowledge, "
    "answer the query in the style of a Shakespeare play.\n"
    "Query: {query_str}\n"
    "Answer: "
)
```

针对这种场景，我们可以使用 RAG 技术组件提供的 update_prompts 方法来改变特定的提示词模板。这是调整系统提示词最直接的方式。实现过程如下。

```
template = PromptTemplate(new_qa_template)
query_engine.update_prompts(
    {"response_synthesizer:text_qa_template":new_qa_template}
)
```

通过这种方式，我们可以指导 LLM 采用特定的语言风格来回答问题，或者根据需要进行任何合理的定制化调整。

## 2.3 文档与索引

从本节开始，我们将基于 2.1 节介绍的 LlamaIndex 基本工作流程，详细阐述 LlamaIndex 各个组件的定义和使用方法。我们首先探讨最基础的文档加载和解析过程。

### 2.3.1 文档加载和解析

在 RAG 开发模式下，LlamaIndex 需要将外部数据源与 LLM 连接起来。为了高效实现这一点，它必须对数据进行提取、结构化并组织成适合检索和查询的形式。接下来，我们将深入探讨 LlamaIndex 是如何实现这一过程的。

1. 文档和节点

设想一下，企业内部保存着大量由开发者开发的代码文件，我们希望利用像 GPT-4 这样的 LLM 来理解这些文件。在 LlamaIndex 中，这些程序文件会被转换为一个个 Document 对象。请注意，一个 Document 对象代表整个文档，例如单个 PDF 文件或网页。但 Document 的数据源不仅限于文件；数据库中的数据或通过 API 集成的外部系统同样可以称为 Document。Document 在整个 RAG 应用中扮演了数据源整合的角色，如图 2-4 所示。

图 2-4 LlamaIndex 中 Document 的数据源

接下来，我们尝试创建一个 Document 对象，代码示例如下。

```
from llama_index.core import Document

text = "The quick brown fox jumps over the lazy dog."
doc = Document(
    text=text,
    metadata={'author': 'Tianmin Zheng','category': 'others'},
    id_='1'
)
print(doc)
```

在这段代码示例中，我们导入了 Document 类，并创建了一个名为 doc 的 Document 对象。该对象包含了原始文本内容、文档 ID 以及我们选择提供的附加元数据（metadata）。这里重点介绍一下元数据的概念及其作用。每个文档都包含元数据，用于存储有关文档本身的额外信息。这些元数据通常包括文档名称、来源、最后更新日期、所有者以及其他相关属性。在上述示例中，我们为文档定义了作者和类别这两个元数据。请注意，在 LlamaIndex 中，元数据是以字典形式提供的。

那么，一个 Document 对象内部是如何组织和保存数据的呢？LlamaIndex 引入了 Node（节点）这一组件。尽管 Document 表示原始数据并且可以直接使用，但 Node 是从 Document 中提取的更小内容块，其目的是将文档分解成更小、更易于管理的文本片段。图 2-5 展示了 Document 和 Node 之间的关系。

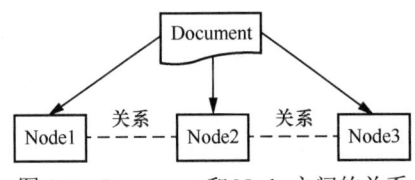

图 2-5　Document 和 Node 之间的关系

说到这里，你可能会问，为什么 LlamaIndex 要引入 Node 这个概念呢？这主要是出于以下几个方面的考虑。

- **适应模型提示词限制**：这一点很容易理解，如果我们将所有 Document 内容都作为提示词输入 LLM 中，会遇到上下文长度限制的问题。实际上，在对话过程中我们通常不需要在单个提示词中包含整个文档的内容。通过选择与用户输入相关的节点内容，我们可以有效地避免这个问题。
- **创建特定信息的数据语义单元**：这样做可以使数据更易于使用和分析，因为它们被组织成了更小、更集中的单元，便于处理和检索。
- **允许 Node 间建立关系**：这意味着可以根据它们的关系将 Node 连接在一起，创建一个相互连接的数据网络（如图 2-5 所示）。这种结构有助于理解 Document 中不同文本片段之间的联系和依赖关系。

有了 Node 的概念后，我们可以利用 LlamaIndex 提供的 API 来创建 Node 对象。代码示例如下。

```
from llama_index.core import Document
from llama_index.core.schema import TextNode

doc = Document(text="This is a sample document text")
n1 = TextNode(text=doc.text[0:16], doc_id=doc.id_)
n2 = TextNode(text=doc.text[17:30], doc_id=doc.id_)
print(n1)
print(n2)
```

在这个示例中,我们使用 Python 的文本切片功能来手动提取两个 Node 的文本,并创建了 TextNode 对象——这是最常见的一种用于保存文本的 Node。这种方法在需要完全控制 Node 文本及其对应元数据时非常有用。不过,开发者通常不会手动通过 API 创建 Node 对象,而是使用文档分割器(DocumentSplitter)组件自动完成这一过程。LlamaIndex 内置了许多分割器组件,其中最实用的是 TokenTextSplitter,它可以根据文本中的标记数量智能地分割 Document。

作为自动生成 Node 的一种方式,TokenTextSplitter 旨在将 Document 文本分割成包含完整句子的数据块。每个数据块会包括一个或多个句子,并且默认情况下有一个重叠(overlap)部分,以保留更多的上下文信息。以下是使用 TokenTextSplitter 的代码示例。

```
from llama_index.core import Document
from llama_index.core.node_parser import TokenTextSplitter

doc = Document(
    text=(
    "This is sentence 1. This is sentence 2. "
    "Sentence 3 here."
    ),
    metadata={"author": "Tianmin Zheng"}
)
splitter = TokenTextSplitter(
    chunk_size=12,
    chunk_overlap=0,
    separator=" "
)
nodes = splitter.get_nodes_from_documents([doc])
for node in nodes:
    print(node.text)
    print(node.metadata)
```

在上述代码中,我们通过传递 chunk_size、chunk_overlap 和 separator 这 3 个参数构建了一个 TokenTextSplitter 对象。这 3 个参数分别代表所分割数据块的大小、数据块之间的重叠量及用于分割文本的分隔符。上述代码的运行效果如下。

```
Metadata length (7) is close to chunk size (12). Resulting chunks are less than 50
tokens. Consider increasing the chunk size or decreasing the size of your metadata to
avoid this.
This is sentence 1.
{'author': 'Tianmin Zheng'}
This is sentence 2.
{'author': 'Tianmin Zheng'}
Sentence 3 here.
{'author': 'Tianmin Zheng'}
```

不难看出,TokenTextSplitter 自动将文档文本分割为多个节点,而这些节点会自动继承原始文档的元数据。这使每个节点不仅包含了文档的一部分内容,还携带了与之相关的附加信息。

2. 文档加载

在明确 LlamaIndex 中 Document 对象的定义和组成结构后,接下来要解决的是如何实现文件的加载过程。在企业环境中,文件通常存储在物理硬盘上,基于某个硬盘目录批量加载文件是最常见的需求之一。为此,LlamaIndex 提供了一个名为 SimpleDirectoryReader 的组件,旨在简化文件加载的过程。SimpleDirectoryReader 的使用方式非常直观,代码示例如下。

```
from llama_index.core import SimpleDirectoryReader

reader = SimpleDirectoryReader(
    input_dir="files",
    recursive=True
)
documents = reader.load_data()
for doc in documents:
    print(doc.metadata)
```

在此示例中,我们通过 input_dir 参数指定了目标路径。默认情况下,SimpleDirectoryReader 只会加载该目录顶层的文件。如果将 recursive 参数设置为 True,那么它会递归遍历该目录及其子目录中的所有文件。

SimpleDirectoryReader 还支持另一种常见用法:直接加载指定的一组文件,代码示例如下。

```
files = ["file1.pdf", "file2.docx", "file3.txt"]
reader = SimpleDirectoryReader(files)
documents = reader.load_data()
```

SimpleDirectoryReader 内置了根据文件类型选择适当加载方法的功能。它能够自动识别基于文件扩展名的不同格式,如 pdf、docx、csv、纯文本等,并选择相应的工具库来提取内容并转换为 Document 对象。对于纯文本文件,它直接读取文本内容;而对于像 PDF 和 Office 文档这样的二进制文件,则使用诸如 PyPDF2 或 python-docx 这样的 Python 库来提取文本内容。

3. 元数据管理

在介绍 Document 对象时,我们已经提及了元数据的概念。那么,元数据究竟有何用途呢?实际上,这些额外信息有助于 LlamaIndex 更好地理解和处理我们的数据。它们提供了关于文档内容的上下文,并且可以根据可见性和格式进行定制化设置。在构建 RAG 应用时,元数据扮演着重要角色,因此值得我们深入探讨。

在 LlamaIndex 中,定义元数据的方法有多种。首先,我们可以在创建 Document 对象时通过构造函数或其暴露的 API 传入一组元数据,代码示例如下。

```
document = Document(
    text="...",
```

```
    metadata={"author": "Tianmin Zheng"}
)
document.metadata = {"category": "finance"}
```

此外，在使用 SimpleDirectoryReader 加载文件的过程中，我们也可以动态设置元数据，代码示例如下。

```
def set_metadata(filename):
    return {"file_name": filename}

documents = SimpleDirectoryReader(
    "./data",
    file_metadata=set_metadata("file1.txt")
).load_data()
```

针对如何从文档对象中提取所需的元数据，LlamaIndex 提供了强大的工具——元数据提取器（Metadata Extractor）。元数据提取器是独立的技术组件，它利用 LLM 的能力从文本中生成相关的元数据。之后，这些提取的元数据可以附加到文档和节点上，以提供额外的上下文信息。以下是常见的 TitleExtractor 使用方式。

```
from llama_index.core.extractors import TitleExtractor

title_extractor = TitleExtractor ()
metadata_list = title_extractor.extract(nodes)
print(metadata_list)
```

TitleExtractor 专门用于从较大的文本中提取有意义的标题，帮助快速识别和检索文档。例如，在企业知识库系统中，TitleExtractor 可以通过为无标题文本自动生成标题来辅助文档分类，使基于标题关键词的搜索更加高效。

除了 TitleExtractor 以外，LlamaIndex 内置的其他元数据提取器还包括 SummaryExtractor、QuestionsAnsweredExtractor 和 EntityExtractor 等，开发者可以根据具体的应用场景选择合适的组件来处理和丰富元数据。

4. 数据提取管道

关于文档处理，我们最后要介绍的是 LlamaIndex 在 0.9 版本之后引入的一个新组件——数据提取管道（ingestion pipeline）。这一组件借鉴了软件架构设计中的经典模式——管道-过滤器（Pipe-Filter）模式。

在软件架构设计领域，管道-过滤器模式是一种经典的架构风格，用于解决适配和扩展性问题。该模式主要由两种元素构成——过滤器（Filter）和管道（Pipe），如图 2-6 所示。

过滤器负责对数据进行加工处理。每个过滤器都有一组输入端口和输出端口，它从输入端口接收数据，经过内部的加工处理后，将结果传送至输出端口。

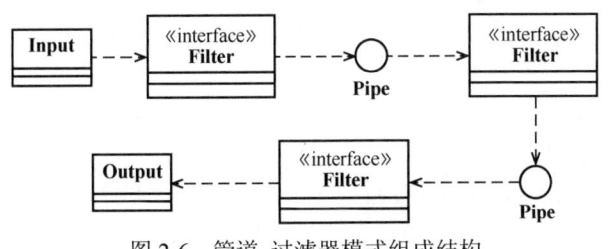

图 2-6　管道-过滤器模式组成结构

管道则可以视为连接相邻过滤器的通路，确保数据流能够从一个过滤器顺利传输到下一个过滤器。

管道-过滤器结构通过将数据流处理分解为几个顺序步骤来实现，其中每个步骤的输出作为下一个步骤的输入，每个处理步骤由一个过滤器来完成。这种结构允许系统的输入和输出被看作各个过滤器行为的组合，减少了组件之间的耦合程度，并使得新过滤器易于添加，原有过滤器也能方便地被改进或替换，从而增强系统的业务处理能力。

LlamaIndex 的数据提取管道类似于上述管道-过滤器模式。具体来说，它负责将原始数据准备好，以便整合到 RAG 工作流中。在这个上下文中，数据提取管道通过一系列步骤来处理数据，这些步骤更像是转换器（Transformer），而不是传统意义上的过滤器。

数据提取管道的关键思想是将数据处理过程分解为一系列可重用的转换操作，这些转换应用于输入数据，有助于标准化和定制不同场景下的数据提取流程。例如，当数据到达 RAG 系统时，可能首先通过 SentenceSplitter 转换器被分割成句子，接着，可以通过 TitleExtractor 转换器完成标题的提取。图 2-7 展示了数据提取管道的工作流程。

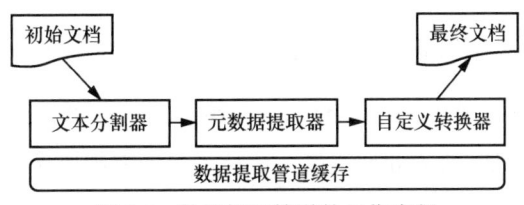

图 2-7　数据提取管道的工作流程

数据提取管道重要的功能特性之一是它能够记住已经处理过的数据。通过基于每个节点的数据和每次运行的转换操作组合计算一个哈希函数，当对相同节点应用相同的转换时，它会生成相同的哈希值。因此，在这种情况下，系统将使用已缓存的处理结果，而不是重新执行转换操作。这不仅提升了效率，还减少了不必要的重复工作。

我们可以使用以下方式定义一个 IngestionPipeline。

```
pipeline = IngestionPipeline(
    transformations = [
        CustomTransformation(),
        TokenTextSplitter(
            separator=" ",
            chunk_size=512,
            chunk_overlap=128),
        SummaryExtractor(),
        QuestionsAnsweredExtractor(
            questions=3
        )
    ],
    cache=cache
)
cache = IngestionCache.from_persist_path(
    "./ingestion_cache.json"
)
```

如上所述,IngestionPipeline 的定义过程包括 4 个转换操作。

- **CustomTransformation**:允许实现任何所需的定制化转换操作。
- **TokenTextSplitter**:负责将文档分解成更小的数据块,并生成节点。
- **SummaryExtractor**:用于从文本片段中提取摘要元数据。
- **QuestionsAnsweredExtractor**:用来识别每个节点可以回答的一组问题。

请注意,我们在这里基于本地 JSON 文件构建了缓存,并将其赋值给 IngestionPipeline,以确保其具备对转换操作的缓存能力。

有了 IngestionPipeline,我们就可以用它来完成文档的加载和解析,代码示例如下。

```
nodes = pipeline.run(
    documents=documents,
    show_progress=True,
)
pipeline.cache.persist("./ingestion_cache.json")
print("All documents loaded")
```

在这个示例中,我们通过 IngestionPipeline 的 run 方法执行管道,并将 show_progress 设置为 True,使开发者可以跟踪管道的处理进度。最后,我们将结果保存在缓存文件中,以避免在未来的运行中重复处理相同的数据。

## 2.3.2 索引创建和管理

在成功构建文档之后,接下来的步骤是创建索引。本小节将介绍 LlamaIndex 中的索引创建过程,并解释嵌入的概念及其实现方式。

### 1. 索引

在 LlamaIndex 中,索引是一种优化存储和检索节点集合的数据结构,类似于数据库中使用的索引。LlamaIndex 支持以下多种类型的索引，每种类型各有其特点和适用场景。

- SummaryIndex：保证节点有序，便于按顺序访问。它接收文档集，将其分解为节点并链接成列表，非常适合处理大型文档。
- DocumentSummaryIndex：为每个文档生成简短摘要，并将这些摘要映射回原始节点，以快速定位相关文档，促进高效的信息检索。
- VectorStoreIndex：一种复杂且常用于 RAG 应用开发的索引类型。它通过将文本转换为向量嵌入，并使用数学方法对相似节点进行分组，来帮助查找相似的内容。
- TreeIndex：采用树状结构层级化组织节点，父节点存储子节点的摘要，由 LLM 基于通用摘要提示词生成。这种索引对于摘要生成特别有用。
- KeywordTableIndex：建立关键词与节点之间的联系，使通过关键词查找节点变得简单。
- KnowledgeGraphIndex：用于存储大量连接信息并作为知识图谱，适合解决涉及多个关联信息的问题。
- ComposableGraph：允许创建复杂的索引结构，即在一个更高级别的集合中索引文档级别的索引，可以创建"索引的索引"。

随着后续章节的展开，我们将使用不同类型的索引来构建 RAG 应用。但在本小节中，我们不会深入探讨所有索引类型的细节。下面以 SummaryIndex 为例展示其基本用法。

```
from llama_index.core import SummaryIndex, Document
from llama_index.core.schema import TextNode

nodes = [
   TextNode(
   text="Lionel Messi is a football player from Argentina."
   ),
   TextNode(
   text="He has won the Ballon d'Or trophy 8 times."
   ),
   TextNode(text="Lionel Messi's hometown is Rosario."),
   TextNode(text="He was born on June 24, 1987.")
]
index = SummaryIndex(nodes)
```

上述代码首先定义了一组包含数据的节点，然后基于这些节点创建了 SummaryIndex。这个索引是一个简单的基于列表的数据结构，易于理解和使用。SummaryIndex 的内部结构如图 2-8 所示。

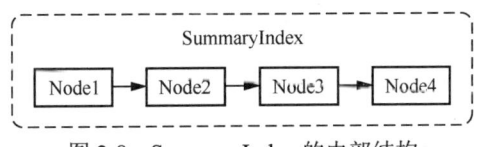

图 2-8 SummaryIndex 的内部结构

我们已经在 2.1 节中看到过它的使用方式，你可以回顾相关内容。虽然 SummaryIndex 直观易用，但在实际开发中，VectorStoreIndex 更为常见和实用，因为它利用嵌入技术存储索引内容。关于什么是嵌入以及 VectorStoreIndex 的详细构建和使用方法，将在第 3 章中进一步讨论。

2. 嵌入

在人工智能领域，嵌入是一个核心概念，指的是将高维数据映射到低维空间的过程，广泛应用于机器学习和自然语言处理。在自然语言处理中，词嵌入（word embedding）技术尤为常见，它能够将词语转换为连续的向量表示，这些向量不仅反映了词语之间的语义和语法相似性，而且使每个词语可以被表示为固定长度的实数向量，从而适合作为机器学习模型的输入。

以一段文本为例，假设一个节点的内容是"你好，我是天涯兰"，这段文本经过嵌入转换后，会生成以下向量。

```
[-0.0021735427, -6.1705985E-5, 0.0046687233, -0.029630477, -0.016327268, 0.01454997,
-0.027375696, -0.011194325, -0.03180568, -0.022653919,
...
-0.0232773, 0.012560457, -0.0010196253, -0.026168725]
```

简而言之，LlamaIndex 内部正是通过这样的方式将文本内容转换为嵌入进行处理的。嵌入本质上是包含多维数据的向量。为了实现这一过程，我们需要使用嵌入模型，该模型负责将文本转换成相应的嵌入向量。图 2-9 展示了嵌入模型在 LlamaIndex 中的作用。

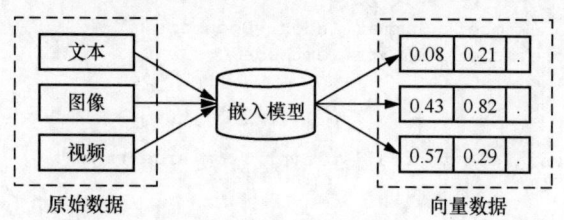

图 2-9　嵌入模型在 LlamaIndex 中的作用

通过嵌入模型，我们可以将各种原始数据转换为嵌入，以概念性地表示一个词、一个完整的文档，甚至非文本信息，如图像和声音。以下代码示例展示了如何使用 LlamaIndex 中的嵌入模型来获取嵌入，这里我们采用的是 Hugging Face 所提供的 HuggingFaceEmbedding。

```
from llama_index.embeddings.huggingface import HuggingFaceEmbedding

embedding_model = HuggingFaceEmbedding(
    model_name="WhereIsAI/UAE-Large-V1"
)
embeddings = embedding_model.get_text_embedding(
    "你好，我是天涯兰"
)
print(embeddings[:15])
```

当前，业界已开发了多种嵌入模型，除了上述提及的 Hugging Face 以外，还有 OpenAI、Amazon Bedrock、Google Vertex AI、Mistral AI、Ollama、Anthropic 以及国内的 Qianfan、Qwen 等平台提供的模型。在一定程度上，嵌入可以视为 LLM 的一种标准"思维语言"。在 LLM 的上下文中，嵌入作为模型理解和处理信息的基础。嵌入模型能够将多样且复杂的数据统一转化为高维空间内的表达形式，在这个空间里，LLM 能够更高效地执行诸如比较、关联和预测等操作。图 2-10 展示了一个包含 3 段文本的三维向量空间示例。

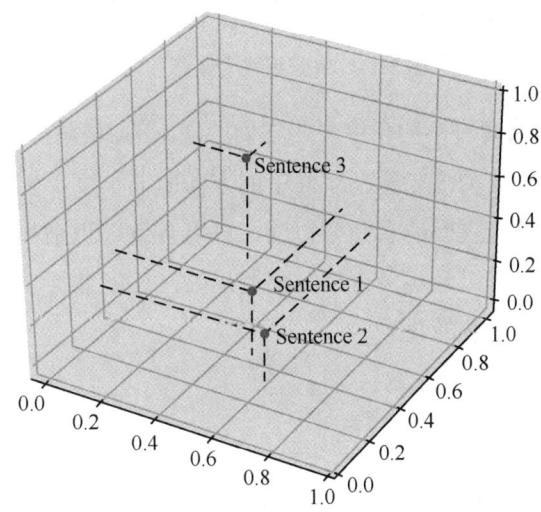

图 2-10　包含 3 段文本的三维向量空间示例

现在，假设要对这 3 段文本执行检索操作，LlamaIndex 的方法是将用户的查询文本通过嵌入模型转换成一个新的嵌入。然后，该新嵌入会与图 2-10 所示的 3 个现有嵌入进行对比，以找到最接近的目标文本。这个过程通常被称为相似性（similarity）计算或距离搜索（distance search）。在这样的检索场景下，关键在于使用一种算法来计算向量嵌入之间的相似性。这种算法接收一个向量嵌入作为输入，并输出向量存储中最相似的一个或多个向量。由于初始向量和这些匹配向量彼此相似，我们可以认为它们所代表的概念也是相似的。

现在你应该理解了为何称嵌入为 LLM 的一种标准"思维语言"。无论是文本、图像还是其他类型的信息，一旦被转化为嵌入，其具体形式变得不那么重要，因为我们可以直接通过比较简单的向量数字来评估它们的相似性。关于相似性的计算，业界存在多种成熟的方案，其中包括欧几里得距离、曼哈顿距离、余弦相似度和杰卡德相似系数等。以常用的余弦相似度为例，图 2-11 展示了其计算方式。

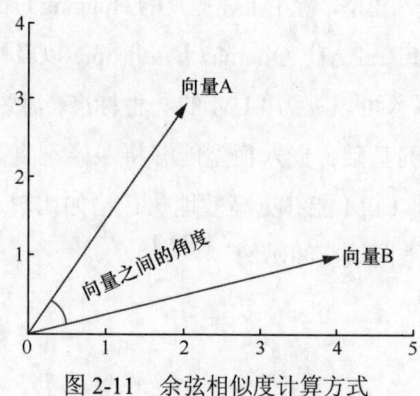

图 2-11 余弦相似度计算方式

在图 2-11 中,两个向量间较小的角度表明它们所表示的内容更为相似。这种方法对于文本分析特别有效,由于它更多地关注向量在空间中的方向而非长度,因此能够更好地捕捉到文档间的语义关系。通过计算嵌入之间的余弦相似度,可以有效地识别和检索语义上相近的文档或句子。这种方式使模型不仅可以超越关键词匹配的局限,还能捕捉文本的深层含义,从而提高信息检索和文本分析的质量与准确性。

## 2.4 上下文检索

在 2.3 节中,我们介绍了 LlamaIndex 中的一系列技术组件,完成了从原始数据到索引的转换过程,这是构建 RAG 应用的基础步骤。一旦建立了索引,接下来的关键步骤是引入检索器来执行上下文检索工作。本节将指导你了解上下文检索的基本用法和高级查询机制。

### 2.4.1 创建多样化检索器

检索机制构成了任何 RAG 应用的核心技术部分。尽管不同类型的检索器其操作方式有所差异,但它们均遵循一个共同的原则:浏览索引并选择相关节点以构建所需的上下文。针对每种索引类型,LlamaIndex 提供了多种检索模式,每一种模式都具备独特的特性和定制选项,以满足不同的需求。

**1. 索引检索器**

LlamaIndex 提供了多种方法以帮助开发者创建检索器,其中最直接的方法是从索引对象构建。假设我们已经创建了一个 SummaryIndex,基于这个索引构建检索器的过程如下:

```
from llama_index.core import SummaryIndex, SimpleDirectoryReader
documents = SimpleDirectoryReader("files").load_data()
```

```
summary_index = SummaryIndex.from_documents(documents)
    retriever = summary_index.as_retriever(
    retriever_mode='embedding'
)
result = retriever.retrieve("Tell me about ancient Rome")
print(result[0].text)
```

上述代码中使用的索引类型为 SummaryIndex，并且我们为其设置了嵌入模式作为检索模式。这意味着，当调用检索器的 retrieve 方法时，它将使用 2.3 节介绍的余弦相似度计算方法来执行具体的检索任务。

实际上，当执行上述代码时，LlamaIndex 会自动创建一个 SummaryIndexEmbeddingRetriever。如果你已经熟悉了这个检索器，那么可以采用更为直接的方式来实例化它。代码示例如下。

```
summary_index = SummaryIndex.from_documents(documents)
retriever = SummaryIndexEmbeddingRetriever(
    index=summary_index
)
```

接下来，我们将重点介绍 VectorIndexRetriever，这是专为 VectorStoreIndex 类型的索引设计的检索器。VectorIndexRetricver 的创建方法非常直接，仅需一行代码。

```
VectorStoreIndex.as_retriever()
```

基于对嵌入的理解，我们可以预见 VectorIndexRetriever 的工作原理。图 2-12 展示了检索的具体执行流程，通过该图可以更直观地理解这一过程。

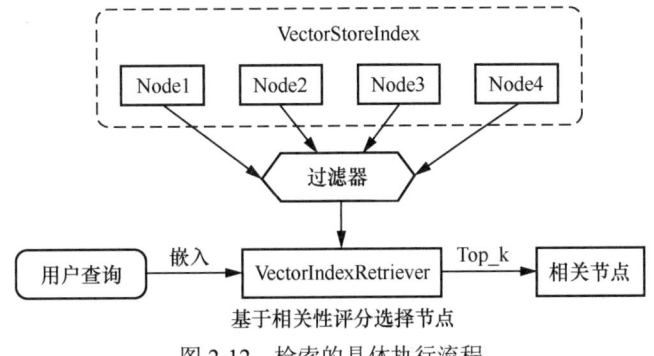

图 2-12　检索的具体执行流程

VectorIndexRetriever 通过将查询转换为向量，然后在向量空间中执行基于相似性的搜索。图 2-12 展示了这一过程，并介绍了我们可以根据不同使用场景定制的以下常见参数。

- similarity_top_k：此参数定义检索器返回的最相似结果的数量，即前 $k$ 个最匹配的结果。它决定了每次查询时返回的相关条目数量。

- filters：此参数允许我们定义过滤器，利用节点的元数据来限制检索器的搜索范围。这有助于在早期阶段就排除那些不相关的数据，从而优化信息访问。

对于 RAG 应用，如果希望更好地控制信息的访问，应当尽早过滤不需要处理的数据。通过检索器在检索时立即执行过滤操作，可以在降低数据处理复杂性的同时，有效减少成本。这是因为 RAG 流程中的大多数处理步骤都需要与 LLM 交互，处理的信息量越少，相应的成本越低。因此，在设计 RAG 应用时，这是一种推荐的最佳实践。

除了本小节介绍的 SummaryIndexEmbeddingRetriever 和 VectorIndexRetriever 以外，LlamaIndex 还提供了多种其他类型的检索器，如 VectorIndexAutoRetriever、SummaryIndexRetriever、SummaryIndexLLMRetriever 等。有兴趣深入了解这些检索器的读者可以参考官方网站以获取更多信息。

2. 异步检索机制

为了简化说明，前面内容中的所有代码示例均采用了同步（synchronous）执行方法。虽然同步执行方法线性、易于理解和预测，但在现代应用程序中，高性能和低延迟对于提供优质的用户体验至关重要。考虑到这一点，LlamaIndex 为大多数应用场景提供了异步执行的替代方案，以满足对性能和响应速度的需求。

下面是一个简单的异步执行示例，展示了如何在 SummaryIndex 上定义并同时运行两个不同模式的检索器。

```python
import asyncio
from llama_index.core import KeywordTableIndex
from llama_index.core import SimpleDirectoryReader

async def retrieve(retriever, query, label):
    response = await retriever.aretrieve(query)
    print(f"{label} retrieved {str(len(response))} nodes")

async def main():
    reader = SimpleDirectoryReader('files')
    documents = reader.load_data()
    index = SummaryIndex.from_documents(documents)
    retriever1 = index.as_retriever(
        retriever_mode='default'
    )
    retriever2 = index.as_retriever(
        retriever_mode='simple'
    )
    query = "Where is the Colosseum?"
    await asyncio.gather(
        retrieve(retriever1, query, '<llm>'),
        retrieve(retriever2, query, '<simple>')
```

```
)
asyncio.run(main())
```

请注意,这里引入了 Python 标准库 asyncio,用于编写单线程并发代码。它使用 async/await 语法来定义和调用异步函数,非常适合处理 I/O 密集型任务。通过 asyncio 库的支持,上述代码实现了两个检索器操作的并行执行。此示例所展示的场景虽然简单,但在需要频繁调用检索器并在大量索引节点上执行复杂查询的应用环境中,异步操作可以显著提升性能,更高效地利用资源,减少延迟,并总体上提供更加流畅的用户体验。

### 2.4.2 构建高级检索机制

在 2.4.1 小节的基础上,本小节将进一步探讨一组高级检索机制。

1. 元数据过滤

在 2.2 节中,我们介绍了元数据的概念及其使用方法。而在讨论 VectorIndexRetriever 时,我们也提及了检索过程中可以嵌入过滤器以缩小搜索范围。现在,我们将结合这两个概念来构建元数据过滤能力。通过这种方式,可以在检索阶段利用节点的元数据信息,提前排除不相关的数据,从而提升检索效率。

代码示例如下。

```
filters = MetadataFilters(
    filters=[
        MetadataFilter(key="key", value=input_value)
    ]
)
retriever = index.as_retriever(filters=filters)
```

上述代码展示了如何定义一个 MetadataFilter,其中过滤器的键为 key,值为传入的 input_value。通过将此 MetadataFilter 传递给检索器,我们赋予了检索器根据指定元数据进行筛选的能力。这使检索过程能够更加精准地定位相关信息,同时减少不必要的数据处理,提升整体效率。

原则上,我们可以将任何重要的业务数据设置为元数据。例如,在以下两个 TextNode 中,我们包含了以 department 为键的一组元数据。这样,在执行检索过程中,我们可以针对这个键设置不同的值来过滤不需要的节点数据。

```
nodes = [
    TextNode(
        text=( "一起事件是指意外或恶意的事故,它有可能对我们的 IT 资产安全造成不良影响。"),
        metadata={"department": "Security"},
    ),
```

```
        TextNode(
            text=("一起事件是 IT 服务的意外中断或性能下降。"),
            metadata={"department": "IT"},
        )
]
```

上述代码展示了基础的过滤逻辑，即判断元数据键对应的值是否相等。为了实现更复杂的过滤条件，我们可以引入 FilterOperator 来使用不同的过滤运算符。常见的 FilterOperator 包括 EQ（==）、GT（>）、LT（<）、GTE（>=）和 LTE（<=）等。以下是使用 FilterOperator 的示例。

```
from llama_index.core.vector_stores.types import ( FilterOperator, FilterCondition)

filters = MetadataFilters(
    filters=[
        MetadataFilter(
            key="department",
            value="Procurement"
        ),
        MetadataFilter(
            key="security_level",
            value="4",
            operator=FilterOperator.LTE
        ),
    ],
    condition=FilterCondition.AND
)
```

在上面的示例中，我们定义了两个 MetadataFilter，分别使用了 EQ 和 LTE 这两个 FilterOperator。此外，通过 FilterCondition 工具类指定了这些过滤器之间的组合关系，在此例中是逻辑与（AND），这意味着，只有当所有条件都满足时，相关节点才会被包含在检索结果中。这种高级过滤机制允许我们更加精细地控制检索过程，从而提高检索的准确性和效率。

2. Tool 和查询路由

在任何具备智能化功能的应用程序中，一个关键组件是通用容器，它根据上下文决定调用哪种方法。该容器可能包含多种功能，这些功能可以在运行时由应用程序动态选择和调用。基于这一设计理念，在 LLM 中引入了 Tool 或函数调用（function calling）的概念。这个概念允许 LLM 在必要时调用一个或多个预定义的 Tool 组件，这些组件通常由开发者根据具体的业务需求来定义。由于"工具"的中文翻译过于通用，容易引起混淆，因此我们统一使用英文术语 Tool 来指代这一概念。

Tool 是一个强大的技术组件，在第 7 章和第 8 章构建 Agent 系统时会有更深入的探讨。本小节将专注于如何将 Tool 与检索器结合使用，以实现自适应检索机制。我们将特别关注 RetrieverTool 这个工具类，它接收两个重要参数——一个检索器实例和一个描述检索器用途的文本说明。以下代码展示了 RetrieverTool 的使用方式。

```
vector_retriever = vector_index.as_retriever()
summary_retriever = summary_index.as_retriever()

vector_tool = RetrieverTool.from_defaults(
    retriever=vector_retriever,
    description="使用这个来回答有关上海的问题。"
)
summary_tool = RetrieverTool.from_defaults(
    retriever=summary_retriever,
    description="使用这个来回答有关宠物的问题。"
)
```

在上述代码中,我们通过 RetrieverTool 构建了两个 Tool,分别对应不同的检索器对象。在此基础上,我们进一步定义了一个 RouterRetriever 对象。这个 RouterRetriever 拥有复杂的决策机制,可以根据具体情况决定使用哪个检索器。代码示例如下。

```
routerRetriever= RouterRetriever(
    selector=PydanticMultiSelector.from_defaults(),
    retriever_tools=[
        vector_tool,
        summary_tool
    ]
)
response = retriever.retrieve(
    "让我们聊聊上海的名胜古迹"
)
for r in response:
    print(r.text)
```

在 RouterRetriever 的构造函数中,我们传入了一个 PydanticMultiSelector 对象,这是 LlamaIndex 内置的选择器组件之一。它利用 Pydantic 这个 Python 库来进行数据验证和解析,以执行具体的选择逻辑。每当通过 router_retriever 发起检索请求时,选择器将根据查询内容动态决定使用哪个单独的检索器来返回最相关的上下文信息。

## 2.5 响应结果处理

现在我们已经构建了检索器组件并实现了检索操作,接下来需要考虑的是如何处理检索结果。本节将讨论这一问题,并介绍两类用于控制响应结果的技术组件——后处理器(post processor)和响应整合器(response synthesizer)。图 2-13 展示了这两类组件在 RAG 工作流程中的位置。

如图 2-13 所示,后处理器位于节点检索步骤之后、响应生成之前,负责对检索到的节点数据进行进一步的处理和优化。而响应整合器则是在与 LLM 交互之后,用于生成最终面向用户的响应结果。通过这两个组件的协作,可以确保返回给用户的信息既准确又符合预期格式,提升了用户体验。

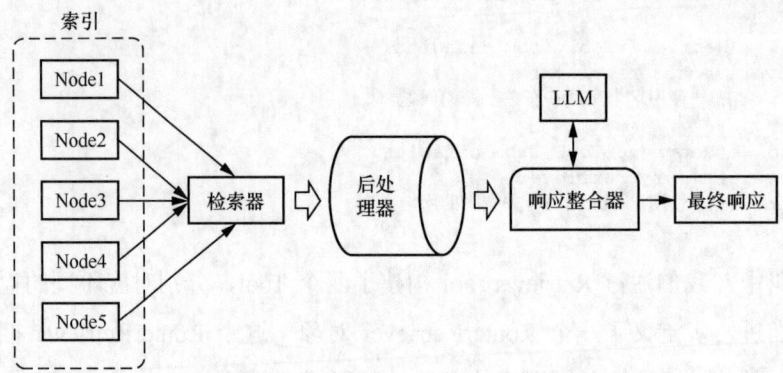

图 2-13  后处理器和响应整合器在 RAG 工作流程中的位置

## 2.5.1 后处理器

在整个 RAG 工作流程中，后处理器对一组节点进行操作，应用转换或过滤器以提高信息的相关性和质量。LlamaIndex 提供了多种内置的后处理器，同时支持开发者创建自定义的后处理逻辑。

**1. 后处理器的类型**

所有后处理器均作用于一个特定的时间点：在通过检索器获取的检索结果被注入提示词并发送给 LLM 之前。它们通过对节点进行过滤（filter）、转换（transforming）或重排（re-ranking）来完成后处理逻辑。这代表了后处理器的三大主要类型。

**1）过滤类后处理器**

过滤类后处理器旨在从检索结果集中移除不相关或不必要的节点。这类后处理器包括但不限于 SimilarityPostprocessor 和 KeywordNodePostprocessor。SimilarityPostprocessor 会根据设定的相似度阈值筛选节点，确保只有高度相关的节点传递给 LLM 用于生成响应；而 KeywordNodePostprocessor 则专注于保留包含某些关键词的节点或排除含有特定不期望关键词的节点。

需要注意的是，在 2.3 节中我们也介绍了检索阶段的过滤机制，它是在执行检索操作之前过滤不需要的节点。相比之下，过滤类后处理器的作用时机是在检索之后、响应生成之前。尽管两者作用时间不同，但它们共同的目标是减少信息过载，并通过聚焦最相关信息来提高最终响应的质量。

**2）转换类后处理器**

转换类后处理器修改检索到的节点内容，而不是直接移除节点。这些后处理器旨在提高每个节点内信息的相关性和有用性。例如，MetadataReplacementPostprocessor 可以用节点元数据中的特定字段替换节点内容,允许动态调整节点文本以反映其元数据特征。另一个例子是 SentenceEmbeddingOptimizer,它优化长文本段落,通过选择与查询语义最相似的句子来提高信息的相关性。通过转换节点内容,这些后处理器使得信息更紧密地贴合用户的查询意图,进而提高生成响应的整体质量。

3) 重排类后处理器

重排类后处理器并不直接移除或更改检索到的节点,而是接收检索器返回的初始节点集,并依据节点与给定查询的相关性进行重新排序。这对于处理长格式查询或复杂的信息需求尤为重要,因为许多 LLM 在面对冗长上下文时难以有效处理和生成准确响应。借助重排类后处理器,RAG 应用能够优先呈现最相关的信息,以更连贯的方式提供给 LLM,从而提高响应质量。

重排类后处理器的实现较为复杂,涉及评估每个检索到的文档或段落的相关性,并为节点分配相关性分数。随后,排名最高的节点将作为精炼后的上下文输入 LLM,后者基于此生成最终响应,以此提高 RAG 应用的整体性能和适用性。

2. 后处理组件的使用方式

在介绍 LlamaIndex 的后处理组件的类型之后,接下来我们将通过一些具体的使用示例来帮助你更好地理解这些组件的设计思想和应用场景。

1) SimilarityPostprocessor 的使用

我们首先介绍的是 SimilarityPostprocessor,它通过比较节点与设定的相似度分数阈值来过滤节点。任何低于此阈值的节点都将被移除,从而确保只保留那些与查询语义高度相关的节点并传递给 LLM 用于生成响应。这对于确保响应的相关性和准确性特别有用。以下代码展示了 SimilarityPostprocessor 的使用方法。

```
nodes = retriever.retrieve(
    "上海有几家 5A 级风景区?"
)
pp = SimilarityPostprocessor(
    nodes=nodes,
    similarity_cutoff=0.80
)
remaining_nodes = pp.postprocess_nodes(nodes)
```

通过上述实现,在构建并应用 SimilarityPostprocessor 对节点进行处理后,最终获取的将是相似度评分达到或超过 0.80 的节点集合。

2) MetadataReplacementPostProcessor 的使用

接下来是 MetadataReplacementPostProcessor,这是一个典型的转换类后处理器,其功能是用元数据中的特定字段替换节点的内容。以下是该后处理器的使用示例。

```
nodes = [
    TextNode(
        text="Article 1",
        metadata={"summary": "Summary of article 1"}
    ),
    TextNode(
        text="Article 2",
        metadata={"summary": "Summary of article 2"}
    ),
]

node_with_score_list = [
    NodeWithScore(node=node) for node in nodes
]
pp = MetadataReplacementPostProcessor(
    target_metadata_key="summary"
)
processed_nodes = pp.postprocess_nodes(
    node_with_score_list
)
```

执行以上代码后,你会发现每个节点的 text 属性已经被替换为 metadata 中 summary 键对应的值。这使节点文本能够动态反映其元数据内容,根据具体需求调整信息展示,从而提高信息的相关性和有用性。

### 2.5.2 响应整合器

LLM 输出的响应结果通常是一段普通文本,但在很多情况下,我们期望获得比普通文本更为结构化或精炼的信息。这就是响应整合器的作用所在。响应整合器是专门用于根据用户查询和检索到的上下文,从 LLM 生成响应的技术组件。它简化了查询 LLM 并将专有数据整合为答案的过程,在整个 RAG 工作流程中,响应整合器位于节点检索和后处理之后,作为最后一步对信息进行最终合成。

为了更好地理解响应整合器的工作方式,我们通过一个示例来介绍其使用方法。假设我们有以下 3 个节点。

```
from llama_index.core.schema import TextNode, NodeWithScore

nodes = [
    TextNode(text=
        "市中心广场的纪念碑建于 1900 年。"
    ),
    TextNode(text=
        "一只乌龟生活在动物园。"
    ),
    TextNode(text=
        "一朵兰花在深夜绽放。"
```

```
    ),
]
node_with_score_list = [NodeWithScore(node=node) for node in nodes]
```

接下来,我们将使用响应整合器根据提供的上下文运行 LLM 查询,代码示例如下。

```
from llama_index.core import get_response_synthesizer

synth = get_response_synthesizer(
    response_mode="refine",
    use_async=False,
    streaming=False,
)
response = synth.synthesize(
    "纪念碑是什么时候建的?",
    nodes=node_with_score_list
)
print(response)
```

在上述示例中,我们通过 get_response_synthesizer 方法获取了一个 Response Synthesizer 对象,并将其响应模式设置为 refine。基于这种模式,代码的执行结果简洁明了:纪念碑建于 1900 年。虽然结果直观易懂,但其背后的执行过程较为复杂,图 2-14 展示了 refine 模式下响应整合器的工作流程。

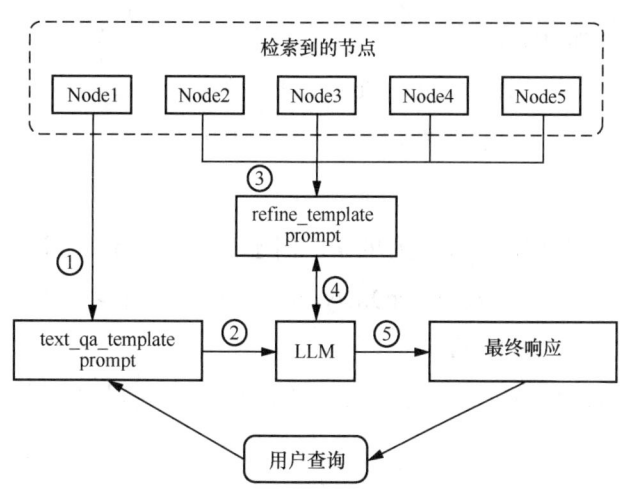

图 2-14 refine 模式下响应整合器的工作流程

在 refine 模式下,响应整合器的工作流程如下。

(1)构建初始提示词:整合器首先构建一个特殊用途的提示词模板 text_qa_template_prompt,该模板包含用户查询、特定指令以及相关上下文信息。

(2)发送至 LLM 以获取初步响应:将构建好的提示词发送给 LLM 以获取初步响应。

(3)迭代细化答案:当初步响应返回后,整合器会基于此响应构建下一个节点的提示词

refine_template_prompt，同时将前一个答案整合到新的提示词中。这一过程会对所有节点重复进行，不断细化最终的答案。

（4）生成最终响应：一旦所有节点都经过了这一迭代过程，整合器将提供最终的响应结果。

这里使用的两个提示词模板（text_qa_template 和 refine_template）可以根据需要进行定制化调整，以更好地适应特定的应用场景或提高响应质量。

除了 refine 模式以外，LlamaIndex 还提供了其他多种响应模式，如 compact、simple_summarize 和 accumulate 等。每种模式都有其独特的特点和适用场景，开发者可以根据具体需求选择最合适的响应模式，从而实现更高效的信息整合和呈现。

## 2.6 构建查询引擎

到目前为止，我们已经介绍了 LlamaIndex 的基本使用方法。通过前面的内容，我们逐步了解了构建 RAG 应用的核心技术组件，包括文档、节点、索引、检索器、后处理器和响应整合器。现在，我们将把这些组件整合在一起，介绍如何构建一个完整的查询引擎。

### 2.6.1 查询引擎的基础用法

在 LlamaIndex 中，查询引擎由 QueryEngine 接口表示，该接口负责处理用户查询并返回结构化的响应。以下代码展示了构建查询引擎的基本方法。

```
query_engine = index.as_query_engine()
```

这里，我们仅用一行代码就基于现有的索引创建了一个简单的查询引擎。在这行代码的背后，LlamaIndex 默认会创建一个 RetrieverQueryEngine 对象，这种默认的查询引擎提供了基本的功能，但不支持细粒度的定制化控制。

若要对 RetrieverQueryEngine 进行更细致的定制化控制，可以通过其构造函数实现。代码示例如下。

```
retriever = SummaryIndexEmbeddingRetriever...
response_synthesizer = get_response_synthesizer...
pp = SimilarityPostprocessor...

query_engine = RetrieverQueryEngine(
    retriever=retriever,
    response_synthesizer=response_synthesizer,
    node_postprocessors=[pp]
)
```

在这个示例中，我们在 RetrieverQueryEngine 的构造函数中传入了 3 个参数——一个检索器

（retriever）、一个响应整合器（response_synthesizer）和一组后处理器（node_postprocessors）。这使我们可以根据具体需求对查询引擎的行为进行精细调整。

一旦成功创建查询引擎对象，就可以通过它的 query 方法执行查询操作。代码示例如下。

```
response = query_engine.query(
    "上海的近现代建筑有哪些？"
)
print(response)
```

这段代码展示了如何使用查询引擎执行查询，并将结果输出给用户。这就是查询引擎的基础用法。接下来，我们将进一步探讨其高级用法，以实现更复杂和个性化的查询处理逻辑。

## 2.6.2 查询引擎的高级用法

与其他技术组件类似，LlamaIndex 对查询引擎的支持不仅限于提供基础的 RetrieverQueryEngine 实现，还包含了一系列功能更全面、更为强大的查询引擎。这里我们将以常用的 RouterQueryEngine 为例，介绍查询引擎的高级使用方法。图 2-15 展示了 RouterQueryEngine 的工作流程。

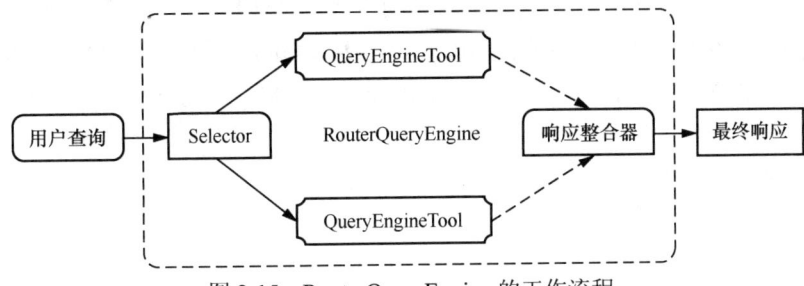

图 2-15 RouterQueryEngine 的工作流程

RouterQueryEngine 能够根据用户查询选择不同的 QueryEngineTool 组件来生成答案。它就像一个路由器，基于用户的查询内容决定使用哪个特定的查询引擎工具。我们可以使用 PydanticMultiSelector 来配置其路由行为，类似于我们在 2.3 节中介绍检索器时的方式。以下代码展示了初始化一个 RouterQueryEngine 所需的准备工作。

```
indexes = []
query_engines = []
tools = []
for doc in documents:
    document_title = doc.metadata['document_title']
    index = SummaryIndex.from_documents([doc])
    query_engine = index.as_query_engine(
        response_mode="tree_summarize",
        use_async=True,
    )
    tool = QueryEngineTool.from_defaults(
```

```
        query_engine=query_engine,
        description=f"Contains data about {document_title}",
    )
    indexes.append(index)
    query_engines.append(query_engine)
    tools.append(tool)
```

在上述代码中，我们针对每个文档分别创建了 SummaryIndex、QueryEngine 和 QueryEngineTool。在 LlamaIndex 中，任何查询引擎都可以通过 QueryEngineTool 包装成一个 Tool，并为其提供描述信息（如文档标题），以便选择器能够根据这些描述信息做出最佳选择。现在，我们有了一个可用 Tool 的列表，可以使用 PydanticMultiSelector 构建 RouterQueryEngine。具体实现方式如下。

```
qe = RouterQueryEngine(
    selector=PydanticMultiSelector.from_defaults(),
    query_engine_tools=tools
)
```

当执行上述代码时，选择器会根据查询内容动态决定使用哪些 Tool 来收集响应。每个 Tool 返回结果后，查询引擎将综合这些结果并返回最终响应。

除了前面已经介绍的 RetrieverQueryEngine 和 RouterQueryEngine 以外，LlamaIndex 官方网站上还提供了包括 ComposableGraphQueryEngine、QASummaryQueryEngineBuilder 在内的十多个查询引擎，每个查询引擎都有其独特的功能特性和适用场景，可以根据具体需求进行选择和应用。

## 本章小结

本章介绍了 LlamaIndex 的核心技术组件，涵盖文档、节点和索引等基础概念，以及上下文检索、响应结果处理和查询引擎的实现过程。我们不仅探讨了这些组件的功能与作用，还通过具体的示例展示了 LlamaIndex 框架下的基本开发流程。这包括如何将数据加载为文档，使用解析器将其转换成连贯的节点，从节点构建优化的索引，进而查询索引以检索相关节点并合成最终响应。

这些技术组件和开发流程构成了构建各种 RAG 应用的基础。通过理解这些内容，开发者能够更好地掌握如何利用 LlamaIndex 实现高效的信息检索和处理。随着后续章节的展开，我们将结合具体的示例场景，进一步探讨如何在实战项目中应用这些技术组件，帮助读者深入理解和实践 LlamaIndex 的强大功能。

# 第 3 章
# 使用 RAG 构建文档聊天助手

在第 1 章中,我们详细探讨了 RAG 的基本概念、核心技术及应用场景。鉴于文档处理是 RAG 最基础也是最常见的应用领域之一,我们将从文档处理入手,尝试使用 LlamaIndex 构建一个文档聊天助手。

在日常工作和学习中,我们经常需要处理各种类型的文档,如 Word、PDF、Excel 等。如何快速且精准地从这些文档中找到所需信息,并以对话聊天的方式呈现给用户,避免低效的传统查询操作,这是文档聊天助手的核心功能与价值所在。

在本章中,我们将利用 OpenAI 的 LLM 来实现文档聊天助手与用户的对话交互。借助 LlamaIndex 提供的一系列简单而实用的技术组件,我们将构建一种通用的文档处理机制,使聊天助手能够高效地解析、索引和检索文档内容,为用户提供即时、准确的信息服务。

通过本章的学习,读者将了解如何整合 RAG 与 LLM 的强大能力,创建出一个既智能又实用的文档聊天助手,从而提升文档管理和信息检索的效率。这一实践不仅展示了 RAG 在实际应用中的潜力,也可为后续章节中更复杂的应用场景打下坚实的基础。

## 3.1 文档 RAG 工作机制

结合 1.2 节的内容,我们知道,当面对一系列文档内容时,RAG 的工作机制是相对固化的。图 3-1 展示了 RAG 对文档的处理过程。

根据图 3-1,RAG 对文档的处理过程包括以下 4 个关键步骤。

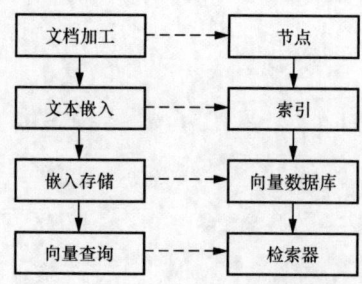

图 3-1 RAG 对文档的处理过程

- 文档加工：实现文档的加载（load）、解析（parse）、转换（transform）、分割（split）等常规操作，从而获取分割后的文本片段。这一阶段确保了原始文档内容被适当地分解为适合进一步处理的小单元。
- 文本嵌入：将文档加工阶段获取的文本片段转换为嵌入。通过这一步骤，LLM 可以基于文本嵌入执行检索。在 LlamaIndex 中，文本嵌入实际上就是创建索引的过程，它将文本信息转化为数值向量表示，使机器可以理解和处理这些信息。
- 嵌入存储：将文本嵌入保存到嵌入存储中。在 LlamaIndex 中，嵌入存储指的是向量数据库。这个步骤确保了嵌入信息可以被高效地检索和管理，以便后续查询使用。
- 向量查询：对于任何给定的索引策略，利用 LLM 的能力进行查询。在 LlamaIndex 中，向量查询的实现方案就是创建检索器。检索器能够根据用户提供的查询条件，在嵌入存储中找到最相关的文档片段或节点。

通常，基于上述 4 个步骤，我们可以构建一个通用的文档聊天助手。从 RAG 演进的角度来看，文档聊天助手所涉及的 RAG 处理能力属于基础 RAG 技术体系。关于 RAG 技术体系的不同层级介绍，请回顾第 1 章的相关内容。而在本章中，我们将围绕图 3-1 中的实现步骤，并结合 LLM 的使用方式，详细介绍文档聊天助手的设计和实现过程。

如同 LangChain，LlamaIndex 定位为一个 LLM 的集成开发框架，并不直接提供 LLM 处理能力。因此，在使用 LlamaIndex 之前，我们需要选择一个主流的 LLM。在本节中，我们将选择 OpenAI 提供的模型，并介绍其创建方式和功能特性。

### 3.1.1 初始化 OpenAI 模型

每个 LLM 都具备一定的参数设置，这些参数大致可以分为两类——模型连接参数和模型输出参数。

1. 模型连接参数

模型连接参数主要用于配置与 LLM 的通信，确保请求能够正确发送并接收响应。对于

OpenAI 模型，以下是常用的几个参数。
- model_name：指定使用的模型名称，如 gpt-3.5-turbo 或 gpt-4。
- api_key：这是授权密钥，需要用户在 OpenAI 平台注册账户并申请获得。
- request_timeout：定义了模型调用的超时时间，以防止请求长时间挂起。

2. 模型输出参数

模型输出参数则决定了生成内容的质量和风格。以下是几个常用的参数。
- temperature：控制采样的随机性（取值范围为 0~2）。较高的温度值（如 0.8）会使输出更加多样化和随机，而较低的温度值（如 0.2）会使输出更集中且确定。
- top_p：设定累积概率阈值（介于 0 和 1 之间），用于限制下一个词的选择范围。例如，top_p=0.9 表示模型只会从累积概率最高的 90%的词中选取下一个词。该参数通常与 temperature 一起使用，共同影响文本生成的方式。
- max_tokens：指定了聊天完成时可以生成的最大令牌数，需要注意输入令牌和响应令牌的总长度受限于模型上下文的长度。
- frequency_penalty：在-2.0 到 2.0 之间的数值。正值会根据已存在词的频率对新词进行惩罚，减少重复内容的生成。
- presence_penalty：同样在-2.0 到 2.0 之间的数值。该参数用于控制生成文本中词的重复度；正值设置会让模型倾向于减小已经出现过的词的生成概率，降低文本中词的重复率。

以上参数大多设有默认值，例如，temperature 默认为 1，frequency_penalty 默认为 0。具体的参数及其含义可以在 OpenAI 官方网站找到详细说明。

当使用 LlamaIndex 时，可以通过以下参数设置方式来初始化一个 OpenAI 模型。

```
from llama_index.llms.openai import OpenAI

llm = OpenAI(
    model="gpt-3.5-turbo",
    max_tokens=100
)
```

在上述代码中，我们指定 OpenAI 模型的名称为 gpt-3.5-turbo，并设置了最大令牌数为 100。对于更复杂的参数配置，可以采用以下方式初始化 OpenAI 模型。

```
from llama_index.llms.openai import OpenAI

llm = OpenAI(
(
    model="gpt-3.5-turbo",
    max_tokens=100,
    temperature=0.7,
```

```
        top_p=1.0,
        frequency_penalty=0.0,
        presence_penalty=0.0,
        stop=["\n"]
)
```

在这个示例中，除了 max_tokens 参数以外，我们还设置了 temperature 参数为 0.7，以确保模型输出具有一定的随机性。同时，frequency_penalty 和 presence_penalty 都设为 0.0，意味着不会对词的频率或存在进行额外惩罚，而 top_p 设为 1.0，表示不限制词选择的概率范围。此外，stop 参数定义了生成文本的终止符号，在这里设置为换行符\n。

虽然本小节以 OpenAI 为例介绍初始化模型的方法，但这些参数的含义和设置方式对于其他 LLM 同样适用。通过合理配置这些参数，可以更好地定制模型行为，以满足特定应用场景的需求。

### 3.1.2 OpenAI 模型的功能特性

OpenAI 模型提供的功能极为丰富，主要包括以下几个方面。

- 文本生成：OpenAI 模型能够生成连贯且自然的文本内容，适用于内容创作、扩展以及对话等多种场景。
- 聊天模型：借助 ChatCompletion API，可以实现单轮或连续多轮的对话任务，让模型根据给定的消息列表智能地生成回复。
- 图像生成：DALL-E 模型支持依据自然语言提示来创建和编辑图像，拓展了模型的应用范围。
- 音频转文本：Whisper 模型具备将音频数据转换成文本的能力，非常适合用于处理和转录音频资料。
- 文本嵌入：Embeddings 模型可将文本信息转化为数字表示形式，便于进行语义搜索和分类等高级任务。
- 内容审核：Moderation 模型能有效检测文本中是否含有敏感或不安全的内容，有助于内容的审核与过滤。
- 模型微调：OpenAI 还提供了微调 API 服务，使用户能够针对特定应用场景对基础模型进行定制化调整和优化。

在本章中，我们将利用 OpenAI 的聊天模型功能构建一个文档聊天助手。而在第 4 章中，我们计划使用其图像模型来开发一个多模态内容解析器。

### 3.1.3 OpenAI 消息类型

为了有效利用聊天模型，理解聊天消息（chat message）的常见类型及其表现形式至关重要。

在 OpenAI 的应用中，我们主要会遇到以下 3 种类型的聊天消息。

- 用户消息（HumanMessage）：如其名所示，这类消息源自用户，这里的用户既可以是使用应用程序的人类个体，也可以是模拟人类交互的应用程序本身。根据 LLM 支持的功能模式，HumanMessage 可能仅包含文本内容，或同时包括文本与图像。
- AI 消息（AIMessage）：这是指由 LLM 生成的消息，通常作为对用户消息的响应。
- 系统消息（SystemMessage）：这类消息来源于系统，通常需要开发者来定义其具体内容。系统消息可以用来指示 LLM 在这次对话中扮演的角色、预期执行的行为及回应的风格等。由于 LLM 被训练为特别重视 SystemMessage，因此应谨慎处理，避免让最终用户随意定义或注入信息到 SystemMessage 中。这是一种相对复杂的消息类型，通常置于聊天过程的起始位置以设定对话背景或调整模型的行为。

这些消息类型可以根据具体需求和上下文灵活组合使用。例如，在构建聊天机器人时，可能会交替运用 HumanMessage 和 AIMessage 来模拟真实的对话流程。而 SystemMessage 则可以在对话开始时用于设置必要的上下文或在对话过程中动态调整模型的表现方式。

请注意，上述消息类型代表了一种抽象概念，尽管不同的 LLM 工具可能采用各异的术语命名聊天消息，但它们背后的设计理念和实现方法基本一致。诸如 LangChain 和 LangChain4j 这样的主流 LLM 开发框架，也采用了类似的抽象概念来定义和管理聊天消息。

在掌握通用的聊天消息类型之后，我们现在聚焦于如何使用 OpenAI 的 LLM 来创建聊天消息。通过 OpenAI 提供的 ChatCompletion API，我们可以构建一个对话系统，其核心功能是实现聊天交互。在此系统中，模型接收一个由多条聊天消息组成的列表作为输入，并输出一条作为回复的消息。

每条消息在 OpenAI 框架下可以包含以下 3 个字段。

- role（string，必填）。此字段定义了发送消息的角色，可选值包括 user、system 或 assistant。其中，user 和 system 角色对应 HumanMessage 和 SystemMessage；而 assistant 是 OpenAI 特有的一种角色，它代表对最终用户提示做出响应的实体，确保对话的连贯性。通过 assistant 角色发送的消息等同于 AIMessage。
- content（string，必填）。此字段用于定义消息的具体内容。
- name（string，选填）。该字段用于指定消息发送者的姓名，允许使用字母 a~z、A~Z、数字 0~9 以及下画线，且最大长度限制为 64 个字符。

在利用 OpenAI 构建聊天消息的过程中，我们依赖 role 字段来区分不同类型的消息。以下代码展示了以 user 角色发送的一条消息，即 HumanMessage 的一个实例。

```
message=[
    {"role": "user", "content": "2024 年奥运会是在哪里举行的？"},
]
```

在构建聊天消息时，也可以创建同时包含 user 和 system 角色的消息，从而使 OpenAI 能够基于系统消息的设定来回应用户的提问。代码示例如下。

```
messages=[
    {"role": "system", "content": "你是一个体育知识专家。"},
    {"role": "user", "content": "2024 年奥运会是在哪里举行的？"},
]
```

此外，利用简单的字符串处理技术，你可以创建动态的聊天消息。代码示例如下。

```
prompt = f"以下内容是哪种语言：{text}？"
messages.append(
    {"role": "user", "content": prompt},
)
```

上述方法虽然简单直接，但灵活性有限。在后续章节中，我们将探讨更为复杂的手段以提高聊天消息构建的灵活性和功能性。不过目前，重要的是理解聊天消息实质上是由一系列定义了角色和内容的文本条目组成的数组。

关于 OpenAI 模型提供的功能特性就介绍到这里。除非特别指出，在本书中，我们均以 OpenAI 为例来实现相关的 LLM 应用。

## 3.2 实现文档处理与聊天引擎

在对 OpenAI 及其功能进行介绍之后，我们现在转向 LlamaIndex，探索如何利用它所提供的一系列技术组件来构建一个文档聊天助手。

### 3.2.1 使用 DirectoryReader 读取文档

对于文档聊天助手，由于涉及对多个文档的处理，首要步骤是正确地读取这些文档的内容。如果借用 RAG 术语来描述这一过程，即从多种格式的文件来源批量导入数据。将这些数据加载到 LlamaIndex 中是至关重要的第一步，该框架提供的工具可以简化并减轻 RAG 应用中的数据处理任务。

1. 引入 SimpleDirectoryReader

当需要快速完成文档读取时，SimpleDirectoryReader 这个读取组件就显得尤为重要。SimpleDirectoryReader 的使用非常简便，通常只需要少量配置，并且能够自动适应不同的文件类型。为了加载数据，只需要将 SimpleDirectoryReader 指向一个文件夹或文件列表，它就能够自动加载包括 PDF、Word、Excel 以及纯文本文件在内的多种常见文档类型。以下是 SimpleDirectoryReader 的基础使用示例。

```python
from llama_index.core import SimpleDirectoryReader

reader = SimpleDirectoryReader(
    input_dir="files",
    recursive=True
)
documents = reader.load_data()
for doc in documents:
    print(doc.metadata)
```

当我们在 RAG 应用中引入如 SimpleDirectoryReader 等读取类组件时，通常会将其与 LlamaParse（Llama 解析器）组件配套使用。这是因为，在文件加载的过程中，确保对不同文档类型进行正确解析是非常重要的。从功能定位上讲，SimpleDirectoryReader 更多地关注文档的来源，即从哪里读取文档；而 LlamaParse 则专注于文档类型的解析。通过将两者整合，我们可以满足常见的文档处理需求。

例如，如果只加载特定目录下的 PDF 文件，可以编写以下代码。

```python
from llama_parse import LlamaParse
from llama_index.core import SimpleDirectoryReader

parser = LlamaParse(result_type="text")
file_extractor = {".pdf": parser}
reader = SimpleDirectoryReader(
    "./files",
    file_extractor=file_extractor
)
docs = reader.load_data()
```

在这个示例中，我们利用 LlamaParse 创建了一个文件提取器组件 file_extractor，用于指定目标文件类型为 PDF。随后，我们将这个文件提取器作为参数传入 SimpleDirectoryReader 的构造函数中，从而确保它仅加载和解析 PDF 文件的内容。

2. 文档聊天助手演进

在本章中，我们构建的文档聊天助手旨在对手机品牌信息进行检索，数据存储于一个 Excel 文件中。该文件记录了各种手机的型号、评价和售价等信息，总共包含 3115 条数据。Excel 文件内容示例如图 3-2 所示。

我们将这个 Excel 文件放置在项目代码工程的 data 目录下。借助 SimpleDirectoryReader，我们仅需要编写以下 3 行代码即可实现对上述文档的自动读取。

```python
from llama_index.core import SimpleDirectoryReader, Document
```

```
reader = SimpleDirectoryReader(input_dir="./data", recursive=True)
docs = reader.load_data()
```

| Brand | Model | Color | Memory | Storage | Rating | Selling Price | Original Price |
|---|---|---|---|---|---|---|---|
| OPPO | A53 | Moonlight Black | 4 GB | 64 GB | 4.5 | 1018 | 1358 |
| OPPO | A53 | Mint Cream | 4 GB | 64 GB | 4.5 | 1018 | 1358 |
| OPPO | A53 | Moonlight Black | 6 GB | 128 GB | 4.3 | 1188 | 1528 |
| OPPO | A53 | Mint Cream | 6 GB | 128 GB | 4.3 | 1188 | 1528 |
| OPPO | A53 | Electric Black | 4 GB | 64 GB | 4.5 | 1018 | 1358 |
| OPPO | A53 | Electric Black | 6 GB | 128 GB | 4.3 | 1188 | 1528 |
| OPPO | A12 | Deep Blue | 4 GB | 64 GB | 4.4 | 891 | 1018 |
| OPPO | A12 | Black | 3 GB | 32 GB | 4.4 | 806 | 933 |
| OPPO | A12 | Blue | 3 GB | 32 GB | 4.4 | 806 | 933 |
| OPPO | A12 | Flowing Silver | 3 GB | 32 GB | 4.4 | 806 | 933 |
| OPPO | A12 | Deep Blue | 3 GB | 32 GB | 4.4 | 806 | 933 |
| OPPO | A12 | Flowing Silver | 4 GB | 64 GB | 4.4 | 891 | 1018 |
| OPPO | A53s 5G | Crystal Blue | 6 GB | 128 GB | 4.3 | 1358 | 1443 |
| OPPO | A53s 5G | Ink Black | 6 GB | 128 GB | 4.3 | 1358 | 1443 |
| OPPO | A12 | Blue | 4 GB | 64 GB | 4.4 | 891 | 1018 |
| OPPO | A53s 5G | Crystal Blue | 8 GB | 128 GB | 4.3 | 1528 | 1613 |
| OPPO | A53s 5G | Ink Black | 8 GB | 128 GB | 4.3 | 1528 | 1613 |
| OPPO | A33 | Moonlight Black | 3 GB | 32 GB | 4.3 | 891 | 1103 |
| OPPO | A31 | Lake Green | 4 GB | 64 GB | 4.3 | 1015 | 1103 |
| OPPO | A31 | Mystery Black | 4 GB | 64 GB | 4.3 | 1000 | 1012 |

图 3-2　Excel 文件内容示例

在上述代码中，我们在创建 SimpleDirectoryReader 实例时设置了两个参数：一个是文件目录的路径 input_dir，指向存放 Excel 文件的 data 文件夹；另一个是 recursive 参数，当其值设为 True 时，SimpleDirectoryReader 将会递归遍历指定的文件目录，并加载该目录及其所有子目录下的文档。最终，load_data 方法返回的是一个由 Document 对象组成的列表，这些对象包含了从 Excel 文件中读取的数据。

### 3.2.2　基于 VectorStoreIndex 构建索引

一旦我们获得了一组 Document 对象，接下来的步骤是创建索引，并基于该索引构建向量数据库。为了实现这一目标，我们将引入 LlamaIndex 中最常用的 VectorStoreIndex 组件。

1. 构建 VectorStoreIndex

对于大多数 RAG 应用，VectorStoreIndex 往往是构建索引的最优选择。它能够便捷地在文档集合上建立索引，将输入文本自动转换为嵌入形式并存储到向量数据库中。完成索引构建后，我们可以对这些文本嵌入执行相似性搜索，这使 VectorStoreIndex 非常适合那些需要从大量数据集中快速检索相关信息的应用场景。

LlamaIndex 所提供的 VectorStoreIndex 类不仅支持嵌入、向量存储和相似性搜索等基本操作，还允许进行异步调用及进度跟踪。这些特性有助于确保在典型的 RAG 应用场景中提供更佳的性能与用户体验。

通过使用 VectorStoreIndex,我们可以有效地组织和查询大型文档集中的信息,从而为我们的文档聊天助手提供强大的后台支持。

让我们通过以下代码示例展示如何构建一个 VectorStoreIndex。

```
from llama_index.core import VectorStoreIndex, SimpleDirectoryReader

documents = SimpleDirectoryReader("files").load_data()
index = VectorStoreIndex.from_documents(documents)
```

如上述代码所示,我们仅用几行简洁的代码就完成了文档的索引化工作,这一切都得益于 VectorStoreIndex 的强大功能。在此过程中,我们使用了 VectorStoreIndex 的 from_documents 方法,并传入了一组文档作为输入,这是最常用的创建方式。

为了更灵活地控制 VectorStoreIndex 的创建过程,我们可以利用以下参数。

- use_async:用于启用异步调用,默认值为 False。
- show_progress:在索引构建期间显示进度条,默认值为 False。
- store_nodes_override:强制 LlamaIndex 在索引存储和文档存储中保存节点对象,即使向量存储中已经存在文本嵌入。这在需要直接访问节点对象时非常有用,默认值为 False。

需要注意的是,尽管我们在使用 VectorStoreIndex 创建索引的过程中省略了显式的节点解析步骤,但在组件内部,所有嵌入都是与节点而非原始文档一一对应的。如图 3-3 所示,VectorStoreIndex 接收导入的文档,并根据默认的文本分割器、块大小以及块重叠等参数将它们分解成节点。

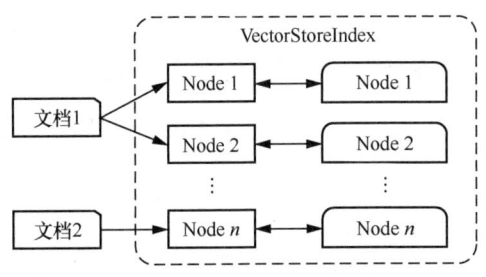

图 3-3 VectorStoreIndex 的工作流程

关于 LlamaIndex 中文档、节点、嵌入的相关功能特性和使用方法,建议回顾第 2 章的内容以获得更深入的理解。

2. 文档聊天助手演进

让我们回归关于文档聊天助手的讨论。在之前的内容中,我们展示了使用 VectorStoreIndex 创建索引的核心代码。在此基础上,我们将这些代码整合并提炼出工具方法 load_data,用于简化数据加载和索引创建的过程。

```python
def load_data():
    reader = SimpleDirectoryReader(input_dir="./data", recursive=True)
    docs = reader.load_data()
    Settings.llm = OpenAI(
        model="gpt-3.5-turbo",
        temperature=0.2,
        system_prompt="""作为一个虚拟商店助手,我将尝试向用户销售手机。
            同时,在用户需要时,帮助用户提出问题并回答关于下一步的问题。
            仅根据提供的数据进行回答。
            如果用户没有指定具体细节,则根据当前的回答给出答案。
            在需要时一次性提供所有细节,不要为每个产品反复询问用户特定功能。""",
    )
    index = VectorStoreIndex.from_documents(docs)
    return index
```

上述代码最终返回的是已经创建好的索引。可以看到,我们在 load_data 工具方法中不仅完成了文档读取与索引创建的工作,还初始化了一个 OpenAI 对象,并通过 system_prompt 参数指定了一个系统消息来指导 LLM 的行为。

值得注意的是,我们创建的 LLM 对象被保存到 Settings 对象中。Settings 是 LlamaIndex 中的一个关键组件,它允许配置索引创建和查询过程中使用的以下元素。

- LLM:允许使用自定义的 LLM 覆盖默认的 LLM,如前面示例所示。
- 嵌入模型:指定索引创建过程中使用的嵌入模型。
- 节点解析器(NodeParser):设置默认的节点解析器。
- 回调管理器(CallbackManager):指定专门的回调管理器来处理 LlamaIndex 内事件的回调,通常用于调试和追踪 RAG 应用。

一旦设置了自定义的 Settings,后续所有的 RAG 操作都将遵循这一配置。Settings 组件非常有用,在本书中我们将频繁使用它来优化和定制我们的应用程序行为。

### 3.2.3 实现聊天引擎

接下来可以执行检索操作。对于文档聊天助手的开发,我们的目标是实现一个对话系统,这可以通过引入 LlamaIndex 中的聊天引擎(ChatEngine)来达成,以促进用户与文档索引间的交互。

1. 启动 ChatEngine

在深入探讨 ChatEngine 之前,让我们先将其与 LlamaIndex 内的另一关键技术组件——查询引擎(QueryEngine)进行比较。需要注意的是,QueryEngine 不具备保存对话历史的功能。因此,每次查询都是独立的交互,并且缺乏上下文记忆(context memory)来支撑连续对话。相比之下，ChatEngine 提供了专有数据的上下文和聊天历史记录。简而言之，可以将 ChatEngine 视为带有记忆功能的 QueryEngine 变体。

1）ChatEngine

现在让我们看看如何使用 ChatEngine。该组件可通过以下初始化方法启动。

```
chat_engine = index.as_chat_engine()
response = chat_engine.chat("你好，有什么可以帮忙的？")
```

完成初始化后，我们可以利用 ChatEngine 提供的以下工具方法进行对话。

- chat：启动同步聊天会话，处理用户消息并即时返回响应。
- achat：类似于 chat 方法，但它是异步执行查询，允许并发处理多个请求。这对于 Web 或移动应用尤为重要，因为可以在服务器查询期间避免阻塞主线程。
- stream_chat：开启流式聊天会话，在 LLM 生成结果的过程中实时返回响应，提供更加动态的互动体验。这对复杂响应尤其有用，因为它让用户能够在所有处理完成前就看到部分回应。
- astream_chat：这是 stream_chat 的异步版本，适用于在异步环境中处理流式交互。

此外，在使用 ChatEngine 时，chat_mode 参数也值得关注，它决定了 ChatEngine 采用的聊天模式。初始化 ChatEngine 时，可以通过指定 chat_mode 参数选择 LlamaIndex 中预定义的不同聊天引擎类型。聊天模式紧密关联着聊天记忆（chat memory）这一概念。为了更好地理解聊天模式，有必要简要介绍 LlamaIndex 中聊天记忆的管理方式。

2）ChatMemory

在 LlamaIndex 中，ChatMemoryBuffer 类是一个专门设计的聊天记忆缓冲区，旨在高效存储聊天历史记录，同时管理由不同 LLM 施加的令牌限制。这一机制至关重要，因为它允许我们在初始化 ChatEngine 时添加聊天记忆功能。通过在不同会话之间保存和恢复该缓冲区，我们能够实现对话信息的持久化。

LlamaIndex 提供了两种用于实现聊天消息持久化的组件——默认的 SimpleChatStore 和更高级的 RedisChatStore。前者将聊天历史记录保存在内存中，而后者则利用 Redis 数据库进行存储。不论选择哪种 ChatStore，都需要指定一个唯一的存储键来标识缓冲数据。下面示例展示了一种基于 ChatMemoryBuffer 创建 ChatEngine 的常见方法。

```
memory = ChatMemoryBuffer.from_defaults(
    token_limit=2000,
    chat_store=chat_store,
    chat_store_key="user_X"
)
```

在上述代码中,我们创建了一个 ChatMemoryBuffer 实例,它可以持久化最多 2000 个 token,并且在使用 ChatStore 时指定存储键为 user_X。

3)ChatMode

SimpleChatEngine 是最基础的一种 ChatEngine,采用的是 Simple 聊天模式。这种模式允许 RAG 应用与 LLM 进行直接对话,初始化方法如下。

```
from llama_index.llms.openai import OpenAI

llm = OpenAI(temperature=0.8, model="gpt-4")
chat_engine = SimpleChatEngine.from_defaults(
    llm=llm,
    memory=memory
)
```

相较第一种聊天模式 Simple,第二种聊天模式 Context 要复杂一些,对应的组件是 ContextChatEngine。此模式旨在通过整合业务领域数据来提高聊天互动的质量。其工作流程为:根据用户输入检索索引中的相关文本,将这些信息嵌入到聊天上下文中,再利用 LLM 生成回复,如图 3-4 所示。

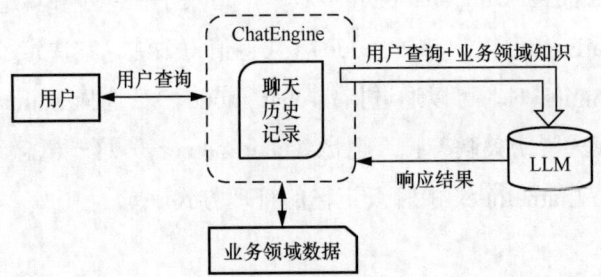

图 3-4 ContextChatEngine 的工作流程

第三种聊天模式称为 Condense Question,即压缩问题聊天模式,对应的组件是 CondenseQuestionChatEngine。该模式下的 ChatEngine 使用 LLM 将对话历史和最新的用户输入压缩成一个独立的问题,以提炼出对话的核心要点,并将其传递给基于专有数据构建的查询引擎以产生回应。图 3-5 展示了 CondenseQuestionChatEngine 的工作流程。

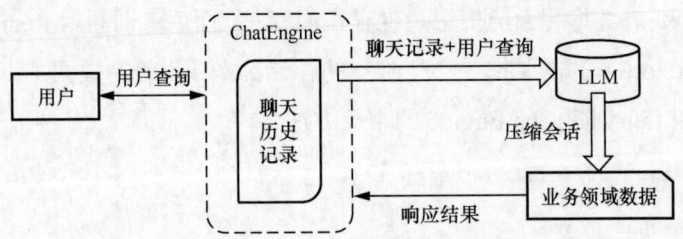

图 3-5 CondenseQuestionChatEngine 的工作流程

采用 Condense Question 聊天模式的主要优势在于确保对话始终围绕主题展开，并在整个交流过程中保持核心要点的连贯性。同时，它保证所有回应都是基于业务领域数据做出的。

最后，可以将 Context 聊天模式和 Condense Question 聊天模式结合起来，形成 Condense Plus Context 聊天模式，这是 LlamaIndex 中最为复杂的 ChatEngine 形式，能够提供既聚焦又富含背景信息的对话体验。

2. 文档聊天助手演进

现在，我们已经了解了 LlamaIndex 中 ChatEngine 的基本概念和常见类型，接下来可以利用这些知识来构建文档聊天交互过程。实现过程非常简单，代码示例如下。

```
chat_engine = index.as_chat_engine(
    chat_mode="condense_question", streaming=True
)
```

上述代码展示了如何使用 Condense Question 聊天模式创建一个 ChatEngine 实例，并通过设置 streaming 参数为 True 以启用流式聊天会话。这提供了一种快速建立 CondenseQuestionChatEngine 的方法。

如果你希望对 CondenseQuestionChatEngine 的初始化过程有更全面的掌控，则可以通过指定以下参数进行自定义配置。

- query_engine：任何类型的 QueryEngine 实例，用于处理经过压缩的问题。
- condense_question_prompt：PromptTemplate 实例，用于将对话历史和用户输入的消息提炼成一个独立的问题。
- memory：ChatMemoryBuffer 实例，用于管理和保存聊天历史记录。
- llm：语言模型实例，负责生成压缩后的问题。
- verbose：控制参数，用于决定是否在操作期间输出详细日志信息。
- callback_manager：可选的 CallbackManager 实例，用于管理回调事件。

基于这些参数，我们可以给出定制化 CondenseQuestionChatEngine 的实现方法，代码示例如下。

```
from llama_index.core import VectorStoreIndex, SimpleDirectoryReader
from llama_index.core.chat_engine import CondenseQuestionChatEngine
from llama_index.core.llms import ChatMessage

# 加载文档数据并构建索引
documents = SimpleDirectoryReader("files").load_data()
index = VectorStoreIndex.from_documents(documents)
query_engine = index.as_query_engine()

# 定义聊天历史
```

```
chat_history = [
    ChatMessage(
        role="user",
        content="外滩是上海的一个著名景点"
    ),
    ChatMessage(
        role="user",
        content="豫园是上海的一个著名景点"
    ),
]

# 创建 CondenseQuestionChatEngine 实例，并指定相关参数
chat_engine = CondenseQuestionChatEngine.from_defaults(
    query_engine=query_engine,
    chat_history=chat_history
)

# 通过聊天引擎发起对话请求
response = chat_engine.chat(
    "哪两个是上海的著名景点？"
)
```

在上述代码中，CondenseQuestionChatEngine 根据提供的用户消息和聊天历史将它们提炼成一个独立的问题。此过程涉及使用 LLM 和 condense_question_prompt 生成一个新的问题，该问题捕捉了对话上下文和用户最新查询的关键点。随着聊天的进行，用户的聊天消息会被持续添加到对话上下文中，这促使 LLM 根据更新后的上下文生成新的问题，并最终影响响应结果。

Condense Question 聊天模式特别适合复杂的对话场景，在这些场景中，理解聊天记录和用户输入的细微差别对于准确回应最新的查询至关重要。它确保了聊天引擎能够考虑对话的历史，从而使交互更加连贯且具有上下文相关性。鉴于这一特性，对文档聊天助手来说 Condense Question 聊天模式是一个优先选择的聊天模式，因为它能增强对话的理解度和相关性。

## 3.3 基于 Streamlit 运行 RAG 应用

至此，我们已经完成文档聊天助手核心功能的构建，这标志着一个典型的人机交互式 RAG 应用的初步成型。接下来的任务是创建用户友好的界面来促进人机交互。在本节中，我们将采用 Streamlit 工具来完成这一目标。

### 3.3.1 使用 Streamlit 构建可视化系统

Streamlit 是一个专为快速开发 Web 应用而设计的 Python 库，它基于 Tornado 框架构建。该库提供了多种内置的可视化组件方法，可以轻松处理数据表、图表等元素的展示，并支持网格布局和响应式设计。换句话说，Streamlit 使没有前端开发经验的人员也能够创建专业的 Web 页面。如果你对 Streamlit 已有了解并使用过，可以直接前往 3.3.2 小节继续阅读。对于初次接触此库

的读者，我们将一起开始搭建 Streamlit 的环境，确保你能够顺利启动并运行 RAG 应用。

1. 安装和运行 Streamlit

要在 Python 环境中安装 Streamlit（请确保你的 Python 版本不低于 3.7），只需要执行以下命令。

```
pip install streamlit
```

安装完成后，可以通过在命令行中输入以下命令来启动 Streamlit。

```
streamlit hello
```

根据命令行日志提示，Streamlit 的默认运行地址是 http://localhost:8501。一旦 Streamlit 成功启动，它会自动在默认浏览器中打开该地址对应的 Web 页面。这个页面将展示一组示例，并新增一个 hello 菜单项。如果页面能够正常显示，则说明 Streamlit 已经正确安装并启动。

通常，我们不会直接在命令行中编写业务逻辑代码，而是将其保存在一个单独的 Python 文件中，例如 main.py，并在其中添加以下代码。

```
import streamlit as st
st.write('Hello')
```

随后，可以使用以下命令启动这个包含自定义代码的 Streamlit 应用。

```
streamlit run main.py
```

上述方式是我们启动 Streamlit 的常规做法。当 Streamlit 成功启动后，接下来需要配置其运行参数。对于像文档聊天助手这样的 RAG 应用，要调用 LLM 实现聊天功能，通常需要提供 API 授权密钥来访问相应的服务。

直接将授权密钥硬编码在代码中是不安全的做法。更好的方法是利用 Streamlit 的 secrets.toml 配置文件存储敏感信息。配置方式如下。

```
openai_key= "这里是你的 OpenAI API Key"
```

之后，在 Streamlit 应用中，可以通过以下方式安全地获取这个密钥。

```
import streamlit as st

secrets= "secret.toml"
openai.api_key = st.secrets.openai_key
```

这里使用的 openai 库是由 OpenAI 提供的官方 Python 客户端，用于简化对 OpenAI REST API 的访问。它支持 Python 3.7 及以上版本，并提供了所有请求和响应字段的类型定义。当使用 LlamaIndex 时，不需要直接集成 openai 库，因为 LlamaIndex 已经内置了对它的支持，我们只需要正确设置授权密钥即可。

关于 LLM 授权密钥的管理,另一种常见做法是将其保存在一个 .env 环境配置文件中,并添加以下配置项。

```
OPENAI_API_KEY=<YOUR-API-KEY>
```

请注意,此环境配置文件应当放置在项目的根目录下。此外,还需要在 Python 代码中添加以下内容以加载这些环境变量。

```
from dotenv import load_dotenv
load_dotenv()
```

通过这种方式,系统会自动读取并应用环境配置文件中的变量到我们的应用环境中。

2. 使用 Streamlit 组件开发 Web 页面

Streamlit 内置了一系列组件,旨在简化 Web 页面的开发过程。对于构建如文本聊天助手这类 RAG 应用,我们通常会用到文本组件、交互组件及状态管理组件。

文本组件十分直观,常见的有 markdown、title、header、subheader、caption 和 text 等。这些组件在字体大小和样式上有所区别,但它们的概念和使用方法是显而易见的。以下是几个代码示例。

```
import streamlit as st

st.markdown("这是一段 Markdown 文本")
st.title('这是一个标题')
st.header('这是一个一级标题')
st.subheader('这是一个二级标题')
st.caption('这是一段解释上面内容的说明文字')
```

为了实现用户交互,Streamlit 提供了一个 chat_input 组件用于接收用户的输入。该组件的使用方式如下。

```
prompt = st.chat_input("说点什么")
if prompt:
    st.write(f"用户发送了以下提示:{prompt}")
```

Streamlit 提供了一个极为灵活的 write 方法,该方法能够根据传入参数的不同展示多样化的输出效果。此外,button 方法用于在页面上显示一个按钮,特别适用于提交聊天过程中的用户输入。

接下来要介绍的是 Streamlit 的 session_state 特性,这是一款至关重要的状态管理工具,在聊天模型类应用中尤为关键。session_state 代表了一种会话级别的状态管理机制,它允许在用户的每次交互过程中共享变量,并确保这些变量在页面重新加载时依然可用。换句话说,可以将 session_state 视为一个"状态缓存",用于存储各种对象。值得注意的是,一旦应用初始化完成,除非明确清除,否则 session_state 不会被重置,即使应用重启,之前的会话状态也会保留。这对文档聊天助手来说非常有用,例如我们可以将聊天记录保存到 session_state 中。

```
st.session_state.messages = [
    {"role": "user", "content": "OPPO 手机中最贵的是哪一款?"}
]
```

由于 session_state 本质上是变量,因此它具有变量的所有特性。你可以通过多种方式访问或修改其值,就像拥有一个可以随时存取和更新内容的存储媒介,这使应用内部信息的传递与共享变得更为便捷和灵活。以下示例展示了如何将 ChatEngine 对象也保存到 session_state 中。

```
# 初始化一个 ChatEngine 实例并保存到 session_state 中
if "chat_engine" not in st.session_state.keys():
    st.session_state.chat_engine = index.as_chat_engine(chat_mode="condense_question", verbose=True)
```

这种方式有效地避免了在 Streamlit 执行期间重复创建 ChatEngine 实例的问题。

相较于其他复杂的 Web 开发框架,Streamlit 的学习曲线较为平缓,开发者可以在较短时间内掌握其基本用法,非常适合用于快速构建 LLM 应用。在本书后续章节中,我们将频繁使用 Streamlit 搭建和运行 RAG 应用。

### 3.3.2 整合 Streamlit 与文档聊天助手

在掌握 Streamlit 的基本使用方法之后,接下来我们把已构建的 ChatEngine 和 Streamlit 整合在一起,以实现完整版本的文档聊天助手。

实际上,将 Streamlit 与文档聊天助手整合的过程主要依赖于 session_state 组件的应用。例如,在系统页面首次加载时,由于 Streamlit 尚未保存任何聊天消息历史,因此我们需要初始化聊天消息历史列表。实现过程如下。

```
# 初始化聊天消息历史列表
if "messages" not in st.session_state.keys():
    st.session_state.messages = [
        {"role": "assistant", "content": "欢迎。我来帮助你选购合适的手机。"}
    ]
```

随后,为了执行 RAG 的基本处理流程(包括加载文档、创建索引以及生成 ChatEngine),我们可以在 Streamlit 中定义一个名为 load_data 的工具方法,并用 @st.cache_resource 装饰器缓存该方法的结果,以减少重复计算的时间成本。代码示例如下。

```
@st.cache_resource(show_spinner=False)
def load_data():
    with st.spinner(text="请稍等,正在处理。这可能需要1~2分钟。"):
        reader = SimpleDirectoryReader(input_dir=".\data", recursive=True)
        docs = reader.load_data()
```

```
    Settings.llm = OpenAI(
        model="gpt-3.5-turbo",
        temperature=0.2,
        system_prompt="""...""",
    )
    index = VectorStoreIndex.from_documents(docs)
    return index
```

在上述代码中,我们在 load_data 方法中添加了@st.cache_resource 注解。在 Streamlit 中,@st.cache_resource 是一个装饰器,用于缓存外部资源以提高应用程序的性能和响应速度。当应用程序执行时,这个注解会确保资源仅在第一次调用时加载,并将结果存储起来。之后,只要函数的输入参数没有改变,再次调用该方法时,Streamlit 就会直接返回缓存的结果,而不会重新执行函数体内的代码。对于像创建 VectorStoreIndex 这样更新频率极低的操作,这种缓存机制是非常有效的。

在@st.cache_resource 注解中,我们设定了 show_spinner 参数为 False。Spinner 是一种加载指示器,用来表明当前正在执行一个耗时操作。尽管我们在 load_data 方法上关闭了默认的 spinner,但我们可以使用 st.spinner 方法来定制化提示信息,正如上面代码示例中所展示的那样。

接下来,处理用户输入需要用到 Streamlit 的 chat_input 组件。代码示例如下。

```
# 获取用户输入并保存到聊天消息历史列表中
if prompt := st.chat_input("请输入你的问题"):
    st.session_state.messages.append({"role": "user", "content": prompt})
```

可以看到,每当用户输入一个问题时,就通过 session_state 保存一条新的用户消息。

类似地,如果聊天消息历史列表的最新一条消息不是系统消息,则意味着用户刚刚输入了一条新消息,这时 RAG 应用需要对此进行响应。代码示例如下。

```
# 如果是需要处理的用户消息,则调用 LLM 以获取响应结果
if st.session_state.messages[-1]["role"] != "assistant":
    with st.chat_message("assistant"):
        with st.spinner("处理中……"):
            response = st.session_state.chat_engine.chat(prompt)
            st.write(response.response)
            message = {"role": "assistant", "content": response.response}
            st.session_state.messages.append(message)
```

在上述代码中,我们通过 session_state 访问之前创建的 ChatEngine 实例,并调用它与 LLM 进行交互。得到的响应被格式化为一条 AI 消息,并同样存储在 session_state 中,以保持聊天记录的连贯性。

### 3.3.3 执行效果演示

至此,我们已经完成了一个简易的文档聊天助手的构建。接下来,我们将展示代码执行后

的实际效果。借助 Streamlit，可以通过命令行输入以下命令来启动文档聊天助手。

```
.\streamlit run .\document_assistant.py
```

这里的 document_assistant.py 是文档聊天助手的主程序文件。启动后，可以看到图 3-6 所示的文档聊天助手主界面。

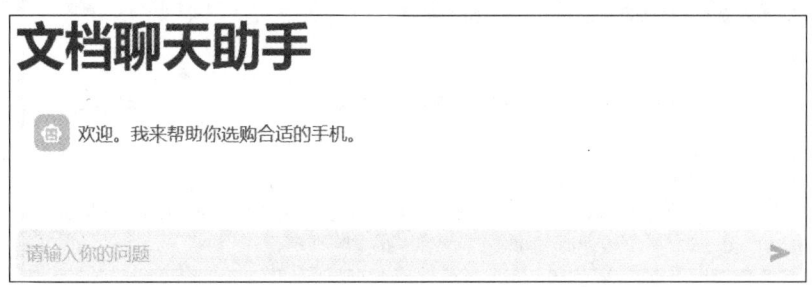

图 3-6　文档聊天助手主界面

可以在图 3-6 下方的输入框中开始与文档聊天助手互动，交互的效果如图 3-7 所示。

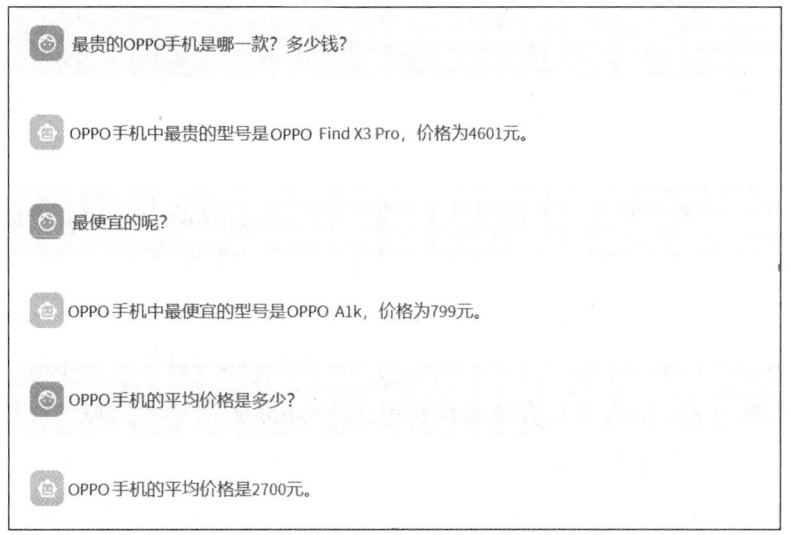

图 3-7　与文档聊天助手互动

在这个对话示例中，我们演示了如何通过文档聊天助手获取手机的基础信息，并进行了一些计算任务。通过背后的索引和嵌入向量技术，LLM 可以自动完成检索和计算工作，从而赋予文档聊天助手数据分析的能力。

接下来，我们可以继续提出更具体的问题。例如，使用文档聊天助手实现推荐，交互过程如图 3-8 所示。

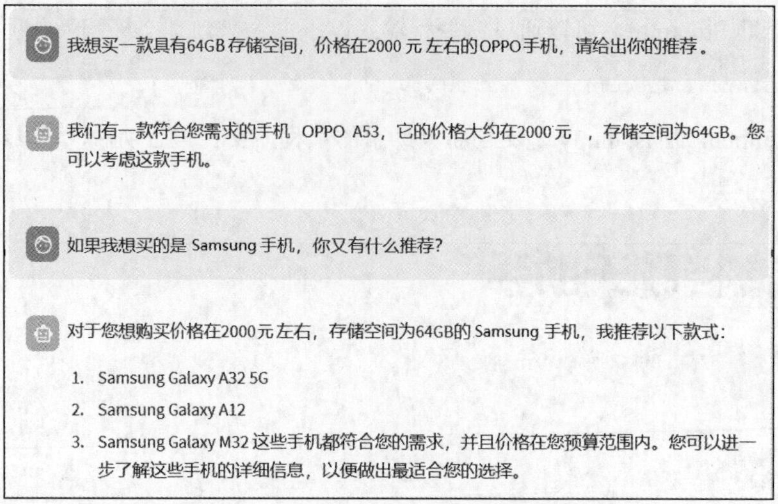

> 我想买一款具有64GB存储空间，价格在2000元左右的OPPO手机，请给出你的推荐。

> 我们有一款符合您需求的手机 OPPO A53，它的价格大约在2000元，存储空间为64GB。您可以考虑这款手机。

> 如果我想买的是Samsung手机，你又有什么推荐？

> 对于您想购买价格在2000元左右，存储空间为64GB的Samsung手机，我推荐以下款式：
> 1. Samsung Galaxy A32 5G
> 2. Samsung Galaxy A12
> 3. Samsung Galaxy M32 这些手机都符合您的需求，并且价格在您预算范围内。您可以进一步了解这些手机的详细信息，以便做出最适合您的选择。

图 3-8　使用文件聊天助手实现推荐

在这个场景中，我们提供了具体的搜索条件，文档聊天助手据此可以帮助我们找到目标手机，相当于完成了内容推荐的任务。你可以根据上述描述自行尝试不同的查询，以测试和验证文档聊天助手的功能。

## 本章小结

本章聚焦于 RAG 在文档处理方面的应用场景。我们基于 OpenAI 的 LLM 通过 LlamaIndex 构建了一个文档聊天助手。作为本书中的首个 RAG 应用，我们在本章中详细阐述了 OpenAI 模型的功能特点及使用方法，并介绍了 Streamlit 这一便捷的 Web 开发工具。OpenAI 模型的强大语言处理能力和 Streamlit 的快速开发特性将在全书的多个章节中持续发挥作用。

然而，本章最为关键的内容是介绍如何利用 LlamaIndex 框架中的技术组件来完成文档读取、索引创建以及聊天引擎实现等核心步骤。这些步骤构成了构建任何 RAG 应用的基础。掌握这些内容对于理解后续章节中的高级应用和案例研究至关重要。通过本章的学习，你应该能够了解并实践使用 LlamaIndex 进行文档处理的基本流程，为后续学习打下坚实的基础。

# 第 4 章
# 使用 RAG 实现多模态内容解析器

近期,在 LLM 领域,各大主要参与者纷纷引入了多模态特性。将 RAG 与多模态人工智能相结合,标志着在开发能够像人类一样理解并互动的系统方面取得了一项重大进展。这种结合有望革新我们获取信息、做出决策和交流的方式,让人工智能变得更直观,更贴近人们自然的信息处理方式。

通过超越纯文本和自然语言处理的能力,RAG 与多模态技术的融合显著提高了生成内容的相关性和准确性。在本章中,我们将利用 LlamaIndex 内置的多模态功能,构建一个多模态内容解析器系统。这一系统不仅能够处理文本数据,还能解析图像、音频等多种形式的输入,从而提供更加丰富和全面的内容理解和响应。

## 4.1 引入多模态 RAG

多模态 RAG 融合了跨多种模态的信息检索与 LLM 的推理和生成能力,涵盖文本、图像等多种形式的数据。这种技术的潜在应用场景极其广泛,尤其在结合图像处理方面展现了多样化的发展趋势。尽管 LLM 本身并不直接处理图像,但它们可以与图像处理技术相结合,提供强大的辅助和增强功能。以下是多模态 RAG 的一些典型应用方向。

- 图像生成和编辑:根据 LLM 提供的描述,可以创建符合要求的图像。此外,模型还能生成有关如何改进图像质量或进行特定修改的建议。
- 图像描述生成:LLM 能够为图像生成自然语言描述,这不仅有助于视力受限者理解图像内容，还可以自动为图像添加描述性标签，从而优化图像的组织和检索。
- **图像问答系统**：通过整合视觉模型和 LLM，用户可以针对图像内容提问，系统则能够提供准确的回答。例如，用户可以询问图像中某个物体的具体位置或颜色等细节信息。
- **图像内容检索**：借助 LLM 的帮助，可以根据文本描述从图像数据库中找到匹配的图像。例如，输入"穿红色连衣裙的女人"这样的描述词，系统可以检索到相关的图像。
- **内容审核和筛选**：LLM 可协助分析图像内容，识别并标记可能存在的不当内容，同时生成相应的解释或警告信息，确保内容的安全性和合规性。

这些应用方向展示了 LLM 与图像处理技术协同工作所能带来的多种可能性，极大地提升了图像处理的智能化水平及用户体验。利用如 OpenAI 的 DALL-E、Google 的 Imagen 等图像处理模型，以及 Midjourney、Stable Diffusion 等集成工具，图像应用已经成为当前 LLM 应用领域的一个重要方向。

在语音和视频处理领域，尽管 LLM 的应用成熟度不及文本和图像处理，但其应用场景正逐渐丰富，并显著增强了这两个领域的功能和用户体验。以下是这些技术的主要应用方向。

- **自动语音识别**：将语音转换为文本，广泛应用于语音助手、实时转录服务和视频字幕生成等场景。
- **语音生成**：将文本转化为自然流畅的语音输出，适用于语音助手、导航系统以及辅助无障碍功能等领域。
- **语音情感分析**：解析语音中的情感状态，用于提升客户服务质量评估、心理健康监测等应用的效果。
- **视频内容摘要**：从长视频中提取关键信息并生成摘要，有助于新闻报道汇总、内容推荐等工作。
- **视频内容生成**：根据文本描述生成相应的视频片段或动画，可用于广告创意制作、游戏开发等方面。
- **视频检索**：基于视频内容或文字描述进行精确检索，优化视频数据库管理和搜索引擎的结果。
- **视频编辑和处理**：实现视频剪辑、转场效果添加及特效处理的自动化，提升视频制作效率。

本章不会涵盖所有主流的多模态技术，而是聚焦于 LlamaIndex 在图像处理方面的功能特性。我们将构建一个多模态内容解析器，具体包含以下步骤。

（1）处理图像文件。

（2）构建多模态模型。

（3）执行图像解析。

（4）实现结构化输出。

（5）集成图像持久化。

从工程实现的角度来看，在完成上述步骤的过程中，我们会综合运用 PDF 识别技术、关系型数据库管理、Pandas 数据分析工具，以及 LlamaIndex 提供的多模态技术支持，来构建一个完整的 RAG 应用。接下来，我们将简要探讨 LlamaIndex 提供的多模态技术组件，为开发者提供指导。

## 4.2　LlamaIndex 多模态技术

与基础 RAG 对比，多模态 RAG 在开发过程中引入了对非文本数据的支持。以下是基于图像处理的多模态 RAG 开发流程。

（1）输入：接受多种形式的输入，包括但不限于文本和图像。

（2）检索：根据输入，检索相关的上下文信息，这些信息可以是文本或图像形式。

（3）合成：利用 LLM 的能力，在文本和图像之间进行响应结果的合成。

（4）响应：最终返回的结果可以包含文本、图像或两者结合的形式。

此外，还可以在图像与文本之间实现链式或顺序调用，例如通过检索来增强图像字幕的生成等应用。

针对上述多模态 RAG 的开发需求，LlamaIndex 特别设计了一个 MultiModalLLM 抽象层，旨在支持同时处理文本和图像的模型。该抽象层涵盖了以下几个关键方面。

- 多模态嵌入：能够为不同类型的输入创建相应的向量表示。
- 多模态向量存储和检索器：提供独立的向量存储机制，专门用于图像和文本嵌入，并支持高效的检索操作。
- 查询引擎：实现了多模态 RAG 的编排逻辑，能够协调文本和图像之间的交互过程。

具体来说，LlamaIndex 内置的 MultiModalVectorStoreIndex 允许为图像和文本构建分离的向量存储库。构建方式如下。

```
documents = SimpleDirectoryReader("./data_folder/").load_data()
# 创建多模态索引
index = MultiModalVectorStoreIndex.from_documents(
    documents,
```

```
    storage_context=storage_context,
)
```

有了 MultiModalVectorStoreIndex 之后，就可以利用检索器和查询引擎组件来进行更复杂的操作。MultiModalRetriever 和 SimpleMultiModalQueryEngine 不仅支持从文本到文本/图像以及从图像到图像的检索，还提供了简单的排名融合功能，以结合文本和图像检索的结果。

图 4-1 展示了 LlamaIndex 针对多模态 RAG 开发流程的各项功能特性和技术组件，开发者可以根据需要灵活组合这些特性，以满足特定的应用场景需求。

| Query Type | Data Sources for MultiModal Vector Store/Index | MultiModal Embedding | Retriever | Query Engine | Output Data Type |
|---|---|---|---|---|---|
| Text ✓ | Text ✓ | Text ✓ | Top-k retrieval ✓ Simple Fusion retrieval ✓ | Simple Query Engine ✓ | Retrieved Text ✓ Generated Text ✓ |
| Image ✓ | Image ✓ | Image ✓ Image to Text Embedding ✓ | Top-k retrieval ✓ Simple Fusion retrieval ✓ | Simple Query Engine ✓ | Retrieved Image ✓ Generated Image ● |

图 4-1 LlamaIndex 多模态的功能特性和技术组件（来自 LlamaIndex 官方网站）

LlamaIndex 目前兼容 Gemini 等主流的多模态 LLM。图 4-2 展示了 LlamaIndex 与多模态 LLM 集成的情况。

| Multi-Modal Vision Models | Single Image Reasoning | Multiple Images Reasoning | Image Embeddings | Simple Query Engine | Pydantic Structured Output |
|---|---|---|---|---|---|
| GPT4V (OpenAI API) | ✓ | ✓ | ● | ✓ | ✓ |
| GPT4V-Azure (Azure API) | ✓ | ✓ | ● | ✓ | ✓ |
| Gemini (Google) | ✓ | ✓ | ● | ✓ | ✓ |
| CLIP (Local host) | ● | ● | ✓ | ● | ● |
| LLaVa (replicate) | ✓ | ● | ● | ✓ | ▲ |

图 4-2 LlamaIndex 与多模态 LLM 集成的情况（来自 LlamaIndex 官方网站）

在本书中，我们主要以 OpenAI 为例，深入探讨如何实现多模态交互模型，展示其在实际项目中的应用方法。

## 4.3 实现图像解析与存储

明确了 LlamaIndex 所具备的多模态功能特性和技术组件后，我们就可以开始构建多模态内容解析器了。我们将参考 4.1 节中介绍的开发步骤来实现这个 RAG 系统。

### 4.3.1 处理图像文件

构建多模态内容解析器的第一步是处理图像文件。在本示例中，我们支持两种类型的文件：一类是原生图像文件，如具有 .jpg 或 .png 等扩展名的文件；另一类是 PDF 文件，我们将尝试把 pdf 格式转换为图像格式，然后按照图像处理的方式进行处理。

1. 识别和处理图像文件

为了读取图像文件，我们可以利用 Python 中的图像处理库。当前，常见的图像处理库包括 PIL、Pillow、Scikit-image 和 OpenCV 等。鉴于我们的需求仅限于读取图像文件并交由 LlamaIndex 进行处理，选择轻量级且易于使用的图像处理库就足够了。Scikit-image 和 OpenCV 虽然功能强大，但对简单的图像读取任务来说显得过于复杂。因此，我们选择了 Pillow 作为图像处理工具库。

Pillow 是基于已停止更新的 PIL（Python Imaging Library）的一个活跃分支，在其基础上增加了许多新特性。尽管安装的是 Pillow，但在导入时仍使用 import PIL，这里的 PIL 实际上指的是 Pillow 库。Pillow 支持多种图像输入格式（如 jpeg、png、bmp、gif、tiff 等），并且能够方便地在这些格式之间进行转换。以下是 Pillow 常用的几个方法。

- open：从文件加载图像。
- save：将图像保存到文件。
- format：标识图像的格式。
- mode：代表图像的颜色模式，例如，RGB 表示真彩色图像，而 L 表示灰度图像。
- convert：将图像转换为另一种颜色模式，并返回新的图像对象。
- size：返回图像的尺寸，以像素数计算。

利用上述方法，我们可以编写以下代码来加载图像文件并进行初步处理。

```
from PIL import Image

# 假设 uploaded_file 是一个包含上传图像文件路径的变量
```

```
image = Image.open(uploaded_file).convert("RGB")
image.save("temp.png")
```

这段代码实现了以下功能：根据提供的文件路径加载图像，并确保图像被转换为 RGB 模式（这一步骤对于保证后续处理的一致性非常重要），然后将处理后的图像保存为一个名为 temp.png 的临时文件，以便在后续步骤中使用。

2. 把 PDF 文件转换为图像文件

为了对 PDF 文件进行结构化的解析，我们希望复用前面已经构建的图像文件处理能力，并演示多模态内容解析的过程。因此，在这个示例中，我们尝试首先将 PDF 文件转换为图像文件，这样就可以使用相同的数据提取流程来同时处理 PDF 和图像文件了。

在 Python 中，pdf2image 是一个常用的工具库，它能够将 PDF 文件转换为图像文件。该库提供了简单易用的接口，可以快速地将 PDF 文件转换为诸如 jpeg、png 等常见图像格式。要安装 pdf2image 库，可以使用以下命令。

```
pip install pdf2image
```

请注意，当你成功安装 pdf2image 并尝试使用它来处理 PDF 文件时，可能会遇到以下错误信息。

```
pdf2image Unable to get page count. Is poppler installed and in PATH?
```

之所以出现这个错误提示，是因为 pdf2image 底层依赖于 poppler 库，而 poppler 是一款开源的 PDF 处理工具，提供了强大的 PDF 内容解析能力。pdf2image 通过调用 poppler 的 C++ API，在 Python 环境中实现对 PDF 数据的操作。因此，为了正确使用 pdf2image，你还需要确保 poppler 已正确安装，并且其路径已被添加到操作系统的环境变量中。

安装 poppler 的过程根据操作系统不同会有所差异。以 Windows 平台为例，安装步骤如下。

（1）下载 poppler 预构建二进制文件：对于 Windows 操作系统用户，可以从 Poppler Windows（一个为 Windows 平台打包的 poppler 预构建二进制文件仓库）下载最新的 poppler 包。

（2）解压文件：将下载的二进制包解压到一个自定义目录，例如 C:\Program Files\poppler-xx\bin。

（3）更新系统环境变量：将上述解压目录添加到系统的 PATH 环境变量中，以便命令行可以直接访问 poppler 的可执行文件。

（4）配置 pdf2image：如果需要指定 poppler 的路径，可以在使用 pdf2image 库时通过参数 poppler_path 提供路径。修改 poppler_path 的方法有以下两种。

```
def convert_from_path(
    pdf_path: Union[str, PurePath],
    ...
```

```
        poppler_path: Union[str, PurePath] =...    # 将这里改为 poppler 的执行路径
        ...
) -> List[Image.Image]:
```
或
```
def convert_from_bytes(
    pdf_file: bytes,
    ...
    poppler_path: Union[str, PurePath] =...    # 将这里改为 poppler 的执行路径
    ...
) -> List[Image.Image]:
```

至此，pdf2image 的初始化安装工作已经完成。接下来，我们将探讨该库所提供的一组实用工具方法，其中最常用的是前面介绍的 convert_from_path 和 convert_from_bytes。

- convert_from_path 基于文件路径加载 PDF 文件并将其转换为图像列表。
- convert_from_bytes 根据 PDF 的字节流直接创建图像文件。

以下是使用 convert_from_path 的一个代码示例。

```
from pdf2image import convert_from_path

# 转换 PDF 文件为图像列表
images = convert_from_path('example.pdf')

# 保存图像到文件
for i, image in enumerate(images):
    image.save(f'output_page_{i}.png', 'PNG')
```

pdf2image 为开发者提供了一系列方便实用的功能特性。例如，可以指定要转换的 PDF 页面范围，以便只转换特定页面，代码示例如下。

```
images = convert_from_path('example.pdf', first_page=1, last_page=3)
```

此外，还可以指定输出图像的格式，支持 jpeg、png、tiff 等多种格式。以下是将输出图像保存为 jpeg 格式的代码示例。

```
for i, image in enumerate(images):
    image.save(f'output_page_{i}.jpg', 'jpeg')
```

如果希望调整输出图像的分辨率（如 DPI），pdf2image 也提供了简单的设置方式，例如设置分辨率为 300 DPI。

```
images = convert_from_path('example.pdf', dpi=300)
```

通过这些工具方法，我们可以轻松实现从 PDF 文件到图像文件的转换，并且可以根据具体需求灵活调整转换过程中的各项参数。

### 4.3.2 执行图像解析

LlamaIndex 不仅提供了构建基于自然语言的应用开发能力，还支持构建结合了语言和图像

的多模态应用。在本小节中,我们将基于 OpenAI 的 LLM 构建一个支持多模态交互的模型,并完成对图像的解析过程。

1. 构建 OpenAIMultiModal

针对 OpenAI 平台,LlamaIndex 专门提供了一个 OpenAIMultiModal 类来构建多模态交互模型。以下是 OpenAIMultiModal 的初始化方法。

```
from llama_index.multi_modal_llms.openai import OpenAIMultiModal

openai_mm_llm = OpenAIMultiModal(
    model="gpt-4o",    # 注意:确保这里使用的模型名是正确的,例如 gpt-4o
    temperature=0.8,
    api_key='your_openai_api_key',   # 替换为你的 API 密钥
    max_new_tokens=300
)
```

根据 3.2 节的内容,可以看到 OpenAIMultiModal 的初始化过程与 OpenAI 的基础模型类似,所有适用于 OpenAI 基础模型的参数同样适用于 OpenAIMultiModal。

为了更好地组织代码结构,在实现多模态内容解析器的过程中,我们提取了一个工具方法来专门初始化 OpenAIMultiModal。代码示例如下。

```
def get_multi_modal_llm(
    llm_name: str,
    model_temperature: float,
    openai_api_key: str,
    max_new_tokens: int = 1000
) -> OpenAIMultiModal:
    llm = OpenAIMultiModal(
        model=llm_name,
        temperature=model_temperature,
        api_key=openai_api_key,
        max_new_tokens=max_new_tokens,
    )
    return llm
```

一旦有了 OpenAIMultiModal 实例,就可以调用它提供的方法与 LLM 进行交互了。以下代码示例演示了如何使用 complete 方法获取图像描述。

```
image_urls = [
    ...,   # 提供具体的图像 URL 列表
]

# 假设函数 load_image_urls 可以加载图像并返回 ImageDocument 对象列表
image_documents = load_image_urls(image_urls)

complete_response = openai_mm_llm.complete(
    prompt="Describe the images as an alternative text",
    image_documents=image_documents,
)
```

在上述代码中，我们使用的是 OpenAIMultiModal 暴露的 complete 方法，该方法接收一个提示词及一组图像文件作为输入，并返回一个响应字符串。以下是 OpenAIMultiModal 提供的完整方法列表。

- complete（同步和异步）：针对单个提示词和图像列表。
- chat（同步和异步）：针对多条聊天消息。
- stream_complete（同步和异步）：complete 方法的流式处理版本。
- stream_chat（同步和异步）：chat 方法的流式处理版本。

需要注意的是，OpenAIMultiModal 的返回结果通常是未格式化的文本数据。如果希望对返回的数据进行更复杂的处理或格式化，我们需要引入一个功能更为强大的组件——MultiModalLLMCompletionProgram。这个组件能够帮助我们更好地管理和利用多模态 LLM 的输出。

2. 构建 MultiModalLLMCompletionProgram

在 LlamaIndex 中，MultiModalLLMCompletionProgram 能够执行带有图像的结构化数据提取。以下是其基本使用方式。

```
from llama_index.core.program import MultiModalLLMCompletionProgram
from llama_index.multi_modal_llms.openai import OpenAIMultiModal

# 初始化 OpenAIMultiModal 对象
mdl = OpenAIMultiModal(...)

# 创建 MultiModalLLMCompletionProgram 实例
MultiModalLLMCompletionProgram.from_defaults(
    output_cls=MyClass,  # 指定自定义业务数据类
    prompt_template_str=data_extraction_prompt,  # 提示词模板字符串
    multi_modal_llm=mdl,  # 传入多模态 LLM 对象
)
```

在上述代码中，我们通过 multi_modal_llm 参数传入了一个 OpenAIMultiModal 对象，并通过 output_cls 参数指定了一个自定义的业务数据类 MyClass，用于表示预期的输出结构。prompt_template_str 参数则用来指定具体的提示词模板。

针对本章的示例系统，我们对调用过程进行了封装，实现了以下 extract_data 方法，以便进行数据提取。

```
def extract_data(
    image_documents: Sequence[ImageDocument],
    data_extract_str: str,
    llm_name: str,
    model_temperature: float,
    api_key: str,
) -> Dict:
```

```
# 获取 OpenAIMultiModal 对象
llm = get_multi_modal_llm(llm_name, model_temperature, api_key, max_new_tokens=1000)

# 创建 MultiModalLLMCompletionProgram 实例
openai_program = MultiModalLLMCompletionProgram.from_defaults(
    output_parser=PydanticOutputParser(Restaurant),
    image_documents=image_documents,
    prompt_template_str=data_extract_str,
    multi_modal_llm=llm,
    verbose=True,
)

# 获取结构化响应结果
response = openai_program()
return response
```

请注意,在上述代码中,我们引入了输出解析器(OutputParser)来指定数据结构,这里具体使用了 PydanticOutputParser 并关联到 Restaurant 模型,以确保返回的数据符合预定义的结构。

3. 使用 OutputParser

如果你熟悉 LangChain、LangChain4j 等框架,那么对 OutputParser 这个组件应该不会感到陌生。在像 LangChain 这样的 LLM 集成开发框架中,我们通过 OutputParser 组件结构化处理响应结果。LlamaIndex 同样提供了类似的技术组件,可以认为它是 2.5 节中提到的响应整合器的一种具体实现形式,其主要作用是对 LLM 的响应结果进行结构化处理。

LlamaIndex 内置了一系列即插即用的输出解析器,这里我们不一一介绍。以 LangchainOutputParser 为例,它使用响应模式(response schema)来定义验证标准和纠正措施。在 LangChain 中,响应模式主要用于确保输出结构符合预期,专注于规定输出应包含的特定字段。以下是一个简单的响应模式示例。

```
schemas = [
    ResponseSchema(
      name="answer",
        description=(
        "回答用户的问题"
        )
    ),
    ResponseSchema(
      name="source",
        description=(
          "用于回答用户问题的来源文本,"
          "应该是原始提示中的引用。"
        )
    )
]
```

在上述代码中,该模式定义了期望的输出结构。我们可以基于此定义 LangchainOutputParser。以下是代码示例。

```
lc_parser = StructuredOutputParser.from_response_schemas(schemas)
output_parser = LangchainOutputParser(lc_parser)
llm = OpenAI(output_parser=output_parser)
```

通常，在构建 LLM 时我们会传入一个 LangchainOutputParser 对象，例如，在上述代码中，我们创建了一个 OpenAI LLM，并在其构造函数中传入了输出解析器实例。这确保了后续从该 LLM 获取的所有响应都将自动按照指定格式进行结构化处理。

在本章的示例系统实现代码中，我们采用了 PydanticOutputParser 作为输出解析器，它解析的结果是与业务相关的 Restaurant 数据结构。PydanticOutputParser 依赖于 Pydantic 框架，提供了一种定义数据验证规则的方法。你可以在 Python 程序中将这些规则定义为类。以下是一个 Restaurant 数据结构的代码示例。

```
class Restaurant(BaseModel):
    restaurant: str
    food: str
    discount: str
    price: str
    rating: str
    review: str
```

借助 PydanticOutputParser，如果 LLM 返回的数据不符合 Restaurant 类的字段及类型定义，Pydantic 将会抛出错误，指出数据不符合预期。这种机制被 LlamaIndex 广泛采用，以确保数据的一致性和正确性，特别是在处理复杂且相互关联的数据结构时。这对需要与业务对象紧密结合的 RAG 应用来说尤为重要。

### 4.3.3 集成图像持久化

作为多模态内容解析器开发流程的最后一环，我们的目标是将从图像中提取的结构化数据保存到数据库中。在企业级应用环境中，无论是否采用 LLM 技术，关系型数据库依然扮演着系统核心的角色。通过将图像信息存入数据库，我们可以为后续的数据分析和处理提供必要的原始资料。

1. PostgreSQL 数据库集成

在本示例中，我们选择了 PostgreSQL 作为关系型数据库解决方案。PostgreSQL 是一款主流的开源数据库，它提供了丰富的扩展功能。例如，PGVector 是基于 PostgreSQL 的一个扩展，它为用户提供了高效的向量存储和查询能力。不过，在本小节中，我们将专注于 PostgreSQL 作为关系型数据库的应用方式。

为了保存图像解析的结果，我们在 PostgreSQL 的默认 postgres 数据库中创建了一张名为 image_records 的表，其结构定义如下。

```
CREATE TABLE image_records(
    id serial primary key,
    payload jsonb not null,
    image_path text not null,
    created_timestamp timestamp not null
);
```

该表用于存储图像处理的时间戳、图像路径以及具体的解析结果,以便日后使用。

为了连接到 PostgreSQL 数据库,我们需要引入一个 Python 客户端库。这里我们选用了 psycopg2,这是一款广泛使用的 PostgreSQL 适配器,它的接口设计直观易用。以下是连接和插入数据的 Python 代码示例。

```python
import psycopg

DB_CONNECTION_STRING = "dbname=postgres user=postgres host=localhost password=postgres"

def store_result(payload: json, image_path: str) -> None:
    with psycopg.connect(DB_CONNECTION_STRING) as conn:
        with conn.cursor() as cur:
            cur.execute(
                "INSERT INTO image_records(payload, image_path, created_timestamp) VALUES (%s, %s, %s)",
                (
                    payload,
                    image_path,
                    datetime.datetime.now(),
                ),
            )
```

上述代码展示了如何初始化一个数据库连接字符串,并创建与 PostgreSQL 交互的连接对象。通过这个连接对象,我们能够获取操作数据库所需的光标对象(cursor),并执行相应的 SQL 命令来插入数据。

2. Pandas 集成

我们继续探讨数据库操作的集成。之前,我们已经通过 psycopg2 客户端完成了数据的插入操作。接下来,我们将利用 PostgreSQL 的持久化特性从数据库中检索已保存的数据。为了简化展示流程,计划在 Streamlit 用户界面以表格形式呈现这些数据。为此,引入 Pandas 这一开源 Python 库将大有裨益,它提供了快速、灵活且表达力强的数据结构,旨在让数据清洗和分析更加简便。

Pandas 非常适合处理结构化数据,其核心数据结构是 DataFrame。可以将 DataFrame 视为二维标签数据结构,类似于 Excel 表格或 SQL 表,也可以理解为一个字典类型的对象。借助 Pandas,我们可以直接将通过 SQL 查询从 PostgreSQL 数据库中提取的数据转换成 DataFrame 对象。以下是实现此过程的代码示例。

```
import pandas as pd

def load_data_as_dataframe() -> pd.DataFrame:
    with psycopg.connect(DB_CONNECTION_STRING) as conn:
        df = pd.read_sql_query("SELECT created_timestamp, image_path, payload FROM
                                image_records", conn)
    return df
```

在上述代码中,我们使用了 Pandas 的 read_sql_query 方法,它能够执行 SQL 语句并返回一个 DataFrame 对象。之后,通过 Streamlit 的可视化工具,可以直接将这个 DataFrame 对象呈现在应用程序的界面上,从而让用户方便地查看和交互。

## 4.3.4 执行效果演示

至此,多模态内容解析器的关键步骤及对应的实现代码已全部介绍完毕。作为示例的最后一部分,本小节将基于 Streamlit 构建用户交互界面,并展示执行效果。

### 1. 文件上传

在构建多模态内容解析器时,我们继续选用 Streamlit 来实现用户界面的交互功能。首先需要实现的是图像和 PDF 文件的上传与展示。针对此需求,Streamlit 提供了一个非常实用的方法——file_uploader,用于创建文件上传组件。该方法的定义如下。

```
streamlit.file_uploader(label, type=None, accept_multiple_files=False, key=None)
```

以下是上述方法中各参数的解释。

- label:文件上传组件的标签文本,显示在上传按钮旁边。
- type:可选参数,指定允许上传的文件类型。它可以是一个字符串或字符串列表,例如,type="image/*"表示仅限上传图像文件,而 type=[".csv", ".txt"]则表示只允许上传 CSV 和文本文件。
- accept_multiple_files:布尔值参数,决定是否允许多文件上传。默认设置为 False。
- key:当应用程序中有多个文件上传组件时,为每个组件分配唯一键以确保正确的响应行为是必要的。

file_uploader 的使用示例如下。

```
import streamlit as st
import pandas as pd

# 创建文件上传器,允许上传单个文件,限制为 CSV 文件
uploaded_file = st.file_uploader("上传 CSV 文件", type=["csv"])

# 如果用户上传了文件
if uploaded_file is not None:
```

```
# 读取上传的 CSV 文件
df = pd.read_csv(uploaded_file)
# 在 Streamlit 应用界面中显示 DataFrame
st.write(df)
```

在上述代码中,我们创建了一个文件上传组件,它允许用户上传一个 CSV 文件。一旦用户上传了文件,我们将利用 Pandas 的 read_csv 函数来解析这个 CSV 文件,并通过 st.write 函数将得到的 DataFrame 展示在 Streamlit 应用界面中。

另外,Streamlit 专门提供了图像处理方面的功能,对应的工具方法是 st.image,其定义如下。

```
streamlit.image(image, caption=None, width=None, use_column_width=False, clamp=False,
channels='RGB', format='JPEG')
```

以下是上述方法中各参数的解释。

- image:要显示的图像。可以是图像的 URL、本地文件路径、图像数据的字节流或 Numpy 数组。
- caption:图像下方显示的标题文本。
- width:设置图像的宽度,可以指定为像素值或百分比。
- use_column_width:若设置为 True,图像宽度将自动调整为当前列的宽度。
- clamp:若设置为 True,当图像宽度超过屏幕宽度时,图像将被裁剪以适应屏幕。
- channels:指定图像的颜色通道,默认为 RGB。
- format:指定图像格式,默认为 jpeg。

现在,我们可以利用 Streamlit 实现示例所需的页面交互需求,具体的实现过程如下。

```
uploaded_file = st.file_uploader(
    "上传图像(PNG、JPG、JPEG)或 PDF 文件:",
    type=["png", "jpg", "jpeg", "pdf"],
)

if uploaded_file:
    if uploaded_file.type == "application/pdf":
        # convert_from_bytes 是一个用于将 PDF 字节流转换成图像的函数
        image = convert_from_bytes(uploaded_file.read())[0]
    else:
        image = Image.open(uploaded_file).convert("RGB")
show_image = st.info("展示已上传文件")
if show_image and uploaded_file:
    st.image(image)
```

在上述代码中,我们通过 Streamlit 的 file_uploader 方法指定了可上传的文件类型,包括图像和 PDF 文件,并根据上传文件的具体类型选择适当的处理方式。对于 PDF 文件,假设使用了一个名为 convert_from_bytes 的函数将其转换为图像对象(在实际应用中需要替换为此类功能的实际实现）。而对于图像文件，则直接使用 PIL 库中的 Image.open 方法打开并转换为 RGB 模式。最后，我们调用 Streamlit 的 image 方法将图像展示在页面上。

PDF 文件上传界面如图 4-3 所示。

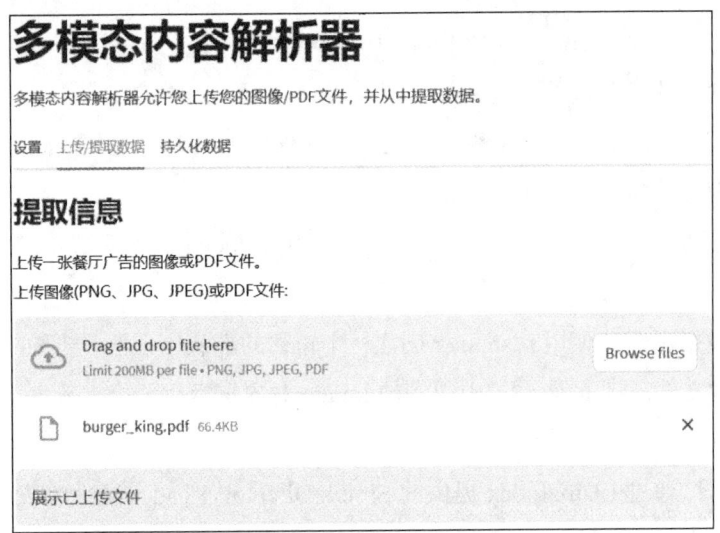

图 4-3　PDF 文件上传界面

一旦成功上传并加载了图像内容，接下来就可以对图像进行解析，以提取结构化的业务数据。

2. 图像解析

针对图像解析，在交互界面上我们将设计一个"提取信息"按钮，该按钮背后的实现逻辑如下。

```python
if st.button("提取信息"):
    if not uploaded_file:
        st.warning("请上传文件")
    else:
        st.session_state["data"] = {}
        with st.spinner("提取中……"):
            image.save("temp.png")  # 将图像保存为临时文件
            try:
                # 使用 SimpleDirectoryReader 加载临时图像文件
                image_documents = SimpleDirectoryReader(input_files=["temp.png"]).
                                    load_data()

                # 调用 LLM 以获取图像解析结果
                response = extract_data(
                    image_documents,
                    data_extract_str,
                    llm_name,
                    model_temperature,
```

```
                    api_key,
                )
        except Exception as e:
                raise e    # 抛出异常以便调试或处理错误
        finally:
                os.remove("temp.png")    # 清理临时文件
    # 更新 session_state 中的数据
    st.session_state["data"].update(response)
```

上述代码包含了几个关键的处理步骤，下面逐一介绍。

（1）用户交互：我们首先检查是否已经上传了文件。如果没有上传，则提示用户上传文件；如果已经上传，则继续执行下一步。

（2）初始化会话状态：确保 st.session_state["data"] 被初始化为空字典，以准备存储解析后的数据。

（3）显示加载指示器：使用 st.spinner 创建一个短暂的加载指示器，告知用户正在处理请求。

（4）保存临时文件：将步骤（3）中得到的 image 对象保存到一个名为 temp.png 的临时文件中，以便后续处理。

（5）加载数据：通过 LlamaIndex 提供的 SimpleDirectoryReader 组件加载这个临时文件，从而获得一个包含图像内容的 Document 对象。

（6）调用 LLM 解析图像：利用前面构建的 extract_data 函数，结合必要的参数（如 data_extract_str、llm_name、model_temperature 和 api_key），调用 LLM 来解析图像，并将获取的结构化业务数据作为响应。

（7）更新会话状态：将从 LLM 得到的响应数据更新到 Streamlit 的 session_state 中，以便在后续页面操作中复用这些会话数据。

（8）清理工作：无论解析过程是否成功，都会执行 finally 块中的代码，删除临时文件 temp.png 以保持系统的整洁。

这段代码是整个示例的核心部分，它综合应用了 LlamaIndex 的多模态处理能力，包括 OpenAIMultiModal、MultiModalLLMCompletionProgram 和 OutputParser 等组件，实现了从图像中提取结构化数据的功能。

当我们成功从图像中解析出 Restaurant 对象后，为了有效排除解析过程中可能出现的数据错误，我们提供一个操作入口供用户进行修改。Streamlit 为此专门提供了一个 data_editor 组件，该组件允许用户直接在 Streamlit 应用中编辑数据。使用 data_editor 时，界面上会显示一个可编辑的表格，用户可以直接在此表格中修改数据，而不需要编写额外的代码。其使用方式如下：

```
updated_data = st.data_editor(st.session_state["data"])
st.session_state["data"] = updated_data
```

数据提取和编辑界面如图 4-4 所示。

图 4-4　数据提取和编辑界面

在这个界面中，可以对表格中的数据执行编辑操作。

3. 数据保存

当我们对 LLM 解析的图像数据完成编辑后，下一步是执行保存操作。图 4-4 展示了"插入数据"按钮，用户点击此按钮时，Streamlit 会调用之前构建的 store_result 方法来保存数据。以下是实现这一功能的代码。

```
confirm = st.checkbox("确定结果是否正确")
    if confirm:
        if st.button("插入数据？"):
            with st.spinner("插入数据中……"):
                save_path = generate_unique_path(uploaded_file.name)
                save_path.parent.mkdir(parents=True, exist_ok=True)
                image.save(save_path)
                payload = json.dumps(st.session_state["data"], indent=4)

                # 存储数据库
                store_result(payload, save_path.as_posix())

                st.session_state["all_data"] = load_data_as_dataframe()
                st.session_state["data"] = {}
```

请注意，在完成数据保存操作之后，我们应当清空 st.session_state["data"] 中保存的当前操作会话数据，并且更新 st.session_state["all_data"]，该变量存储的是从 PostgreSQL 数据库查询获取的 DataFrame 对象，代表了全局数据状态。

最后，我们可以从数据库中检索已插入的数据，并将其展示在界面上，如图 4-5 所示。

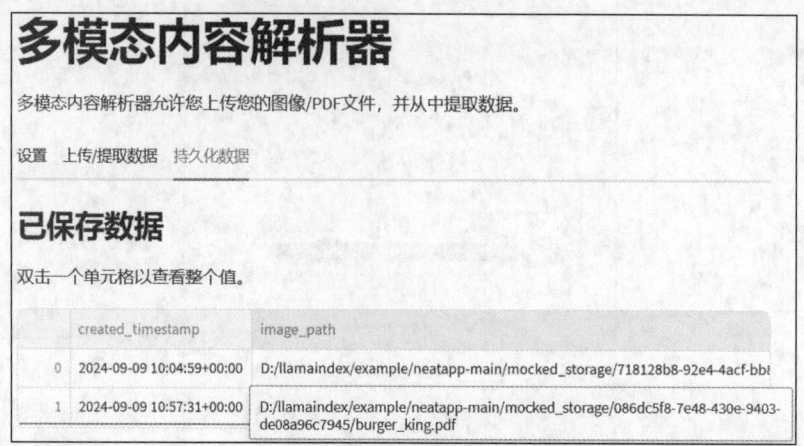

图 4-5　展示已插入的数据

至此，多模态内容解析器的演示过程告一段落。你可以上传 PDF 文件和图像文件至系统，并将这些文件背后的业务数据保存到数据库中。

## 本章小结

本章探讨了使用 RAG 实现多模态内容解析器的方法。我们介绍了多模态 RAG 的基本概念，并详细阐述了如何运用 LlamaIndex 构建一个多模态内容解析器的整个过程，涵盖从处理图像文件到构建多模态模型、执行图像解析、实现结构化输出，以及集成图像持久化的各个步骤。

通过本章的内容，开发者能够获得对多模态 RAG 工作原理的理解，学习到利用 LlamaIndex 创建多模态内容解析器的具体方法，并掌握将这些先进技术应用于实际业务场景的能力。

# 第 5 章
# 使用 RAG 实现数据库检索器

RAG 是一种将检索和生成相结合的模型架构,它能够通过利用外部知识源强化 LLM 的输出能力。在企业应用开发中,关系型数据库作为重要的信息存储媒介,可以作为这样的外部知识源。当涉及构建数据库检索器时,RAG 能有效地从数据库获取相关信息,并将这些信息嵌入生成的文本内容中,从而提供更丰富、准确的回应。例如,用户对某一历史事件提出询问,RAG 应用会首先访问历史数据库查找相关的记录,随后将这些记录作为背景资料传递给生成模块。生成模块则依据这些资料以及用户的查询要求,产出既详尽又精确的回答。

RAG 应用的关键优势在于它可以结合最新的数据库数据,提供随时间更新的答案,而不仅限于训练阶段所固定的静态知识。这一特性对于需要及时反映最新情况的应用,例如金融数据分析或市场趋势预测,显得尤为关键。技术上,为了支持高效的检索操作,RAG 应用必须与数据库 API 集成。本章我们将探讨 LlamaIndex 内置的数据库检索组件,并介绍几种适应性广且效能高的数据库检索策略。

## 5.1 使用非结构化数据访问 RAG

尽管 NoSQL 技术不断进步,数据库,特别是关系型数据库,仍然是应用系统开发的核心组成部分。因此,在构建 RAG 应用时,与数据库的有效整合是一个必须面对的问题。在深入探讨这一主题之前,让我们先澄清一些基本概念,从结构化数据和非结构化数据的区别开始。

结构化数据是指可以被组织进格式化存储库的数据,最常见的是关系型数据库。这种类型的数据能够按照行和列的格式存入表中,并通过预定义的关系键映射到特定字段。常见的关系型数据库实例包括 MySQL、PostgreSQL 等。

相比之下,非结构化数据没有遵循预定义的组织方式或数据模型,这使它不适合传统的关系型数据库管理。随着信息技术的发展,非结构化数据在 IT 环境中变得越来越普遍,广泛应用于商业智能和数据分析领域。这类数据包括视频、音频、文档、日志等。

理解这两种数据类型的差异后,我们可以进一步讨论 Text-to-SQL 技术。Text-to-SQL 是自然语言处理的一种技术,旨在将自然语言输入自动转换成有效的 SQL 查询语句,以便对结构化数据进行检索。这种技术需要将文本信息解析为结构化表示,从而生成符合语义逻辑、能够在数据库中执行的 SQL 查询。Text-to-SQL 技术检索的基本工作流程如图 5-1 所示。

图 5-1　Text-to-SQL 技术检索的基本工作流程

而我们在此前章节中所介绍的示例,主要针对的是非结构化的业务数据,其中使用的数据来自向量数据库。这类数据库的设计初衷是高效处理非结构化数据。向量数据检索的基本工作流程如图 5-2 所示。

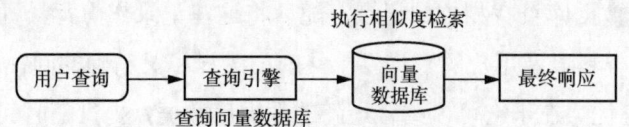

图 5-2　向量数据库检索的基本工作流程

在企业级 RAG 应用的开发过程中,集成结构化数据和非结构化数据是构建高效检索系统的关键。为了实现这一目标,我们设计了一种融合检索架构,用于同时访问这两种类型的数据融合检索的基本工作流程如图 5-3 所示。

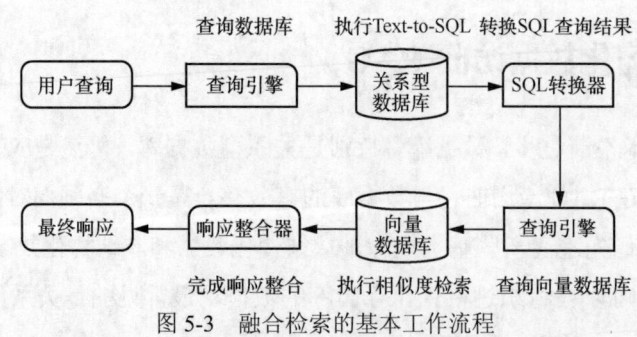

图 5-3　融合检索的基本工作流程

通过具体的应用场景可以更好地理解融合检索架构的工作原理。假设我们的任务是对世界城市信息进行检索，这些信息既包括人口数量、所属国家等存储在关系型数据库中的结构化数据，也涵盖了人文历史等以维基百科条目形式存在的非结构化数据。基于此设定，我们可以探讨如何设计结合 Text-to-SQL 技术和语义搜索技术的检索功能，以便查询这两类数据。

**场景 1：仅检索关系型数据库**

对于结构化数据，用户可能提出诸如"哪座城市的人口最多？"或"某座城市属于哪个国家？"之类的问题。这些问题可以通过 Text-to-SQL 技术将自然语言转化为 SQL 查询来解决，直接针对关系型数据库执行精确查询。

**场景 2：仅检索向量数据库**

当问题涉及非结构化数据时，例如询问"某座城市的历史背景是什么？"，则需要使用语义搜索技术从维基百科或其他非结构化数据源中获取相关信息。这类查询依赖于向量数据库中预先计算好的文本嵌入，用以匹配和检索最相关的文档片段。

**场景 3：同时检索关系型数据库和向量数据库**

最为复杂的情况是同时涉及结构化数据与非结构化数据的查询，例如"人口最多的城市具有怎样的人文特色？"这个问题不仅要求识别出人口最高的城市（结构化数据），还需要进一步提供有关这座城市的文化和社会风貌的信息（非结构化数据）。这种组合查询展示了融合检索架构的强大之处，它能够综合运用 SQL 数据库的结构化查询能力和向量数据库的非结构化内容匹配，为用户提供全面而准确的答案。

本章旨在介绍一种复杂的自然语言检索器的设计与实现，该检索器能够利用 SQL 数据库处理结构化数据，并结合来自向量数据库的非结构化上下文，从而支持对不同类型数据的联合查询。这样的系统可以为企业级应用提供强大且灵活的数据检索能力。

## 5.2 实现基础版数据库检索器

在接下来的内容中，我们将分两个阶段来实现一个数据库检索器。本节将专注于构建基础版本的数据库检索器。

### 5.2.1 创建 SQLDatabase

实现数据库检索器的第一步是创建 SQLDatabase，这需要我们首先引入 SQLAlchemy 引擎。

1. 引入 SQLAlchemy 引擎

SQLAlchemy 是一个 Python SQL 工具包和对象关系映射库，它为应用开发者提供了 SQL 的全部功能与灵活性。通过提供一套成熟的企业级持久化模式，SQLAlchemy 旨在支持高效且高性能的数据库访问，并以简单且 Python 风格的领域特定语言呈现给用户。

由于其强大功能，SQLAlchemy 可以大幅减少手动管理数据库连接、资源及事务等工作的烦琐程度，使开发者能够高效地操作数据库。众多大型 Python 项目选择 SQLAlchemy 作为其 ORM 框架，证明了其可靠性和效率。为了使用 SQLAlchemy，我们需要导入相应的模块。代码示例如下。

```python
from sqlalchemy import (
    create_engine,
    MetaData,
    Table,
    Column,
    String,
    Integer,
    select,
)
```

有了 SQLAlchemy 的支持，我们可以轻松创建一个数据库访问引擎。代码示例如下。

```python
engine = create_engine("sqlite:///wiki_cities.db", future=True)
```

这里使用的数据库是 SQLite。SQLite 是一款嵌入式的磁盘存储数据库，它支持大部分 SQL92 标准，不需要预先安装或配置服务器进程。不同于大多数其他 SQL 数据库引擎需要作为独立服务器运行并处理请求和查询结果的方式，SQLite 允许应用程序直接读写磁盘上的数据库文件，不需要中间的服务器进程介入。考虑到我们的数据库检索器主要用于展示 LlamaIndex 的功能特性，尽量降低对外部组件的依赖，因此 SQLite 成为集成到数据库检索器中的理想选择。

有了数据库访问引擎之后，下一步是定义数据库模式。此时，我们可以使用 SQLAlchemy 的 MetaData 类来完成这项工作。代码示例如下。

```python
metadata_obj = MetaData()
# 如果需要重新创建表，可以先删除已存在的表
metadata_obj.drop_all(engine)
```

MetaData 类相当于 Python 层面的数据库结构定义。使用 Table 对象表示表定义，使用 Column 对象表示列定义。代码示例如下。

```python
table_name = "wiki_cities"
wiki_cities_table = Table(
    table_name,
    metadata_obj,
    Column("city_name", String(16), primary_key=True),
    Column("population", Integer),
    Column("country", String(16), nullable=False),
)
```

```python
# 创建所有由 metadata_obj 定义的表结构，并将它们转换为 DDL 语句后发送给数据库
metadata_obj.create_all(engine)

# 打印所创建的表结构名称
print(list(metadata_obj.tables.keys()))

# 打印表定义详情
print(f"Table '{table_name}' has columns: ", end="")
for column in wiki_cities_table.columns:
    print(f"{column.name} ({column.type}), ", end="")
```

通过上述操作，我们首先定义了名为 wiki_cities 的表结构，用于存储一组城市信息。该表包含 3 个字段——城市名称（city_name，作为主键）、人口数（population）及国家（country），且规定国家字段不能为空。其次，我们调用 MetaData.create_all 方法，根据 metadata_obj 的定义创建所有表，并将这些表结构以数据定义语言（Data Definition Language，DDL）的形式发送给数据库。最后，我们打印出创建的表结构名称及其字段信息，以便确认表结构是否按预期创建。

以下输出结果显示了新创建的 wiki_cities 表及其列的信息。

```
Table 'wiki_cities' has columns: city_name (VARCHAR(16)), population (INTEGER), country (VARCHAR(16)),
```

当然，我们可以使用 SQLAlchemy 提供的工具方法对数据库中的数据执行 CRUD（创建、读取、更新、删除）操作，就像操作普通的关系型数据库一样。以下代码示例展示了如何插入数据。

```python
from sqlalchemy import insert

# 插入多条记录到 wiki_cities 表中
rows = [
    {"city_name": "Toronto", "population": 2930000, "country": "Canada"},
    {"city_name": "Tokyo", "population": 13960000, "country": "Japan"},
    {"city_name": "Berlin", "population": 3645000, "country": "Germany"},
]
for row in rows:
    stmt = insert(wiki_cities_table).values(**row)
    with engine.connect() as connection:
        cursor = connection.execute(stmt)
        connection.commit()
```

上述代码通过 engine 的 connect 方法与 SQLite 数据库建立连接，并向 wiki_cities 表中插入一组城市数据。我们也可以用类似的方法来查询数据库中已有的数据。代码示例如下。

```python
with engine.connect() as connection:
    cursor = connection.exec_driver_sql("SELECT * FROM wiki_cities")
    print(cursor.fetchall())
```

前面的代码示例展示了 SQLAlchemy 的基础用法，这些对构建基础版数据库检索器来说已经足够。

## 2. 定义 SQLDatabase 对象

在创建 SQLAlchemy 引擎之后,下一步是定义 LlamaIndex 中的 SQLDatabase 对象。有了之前创建的数据库访问引擎,定义 SQLDatabase 变得非常直接。以下是定义 SQLDatabase 对象的代码示例。

```
from llama_index.core import SQLDatabase

sql_database = SQLDatabase(engine, include_tables=["wiki_cities"])
```

至此,我们已经完成了基础版数据库检索器的第一个阶段——成功创建了一个 SQLDatabase 对象。这个对象封装了 SQLAlchemy 引擎,使得可以将 SQLAlchemy 集成到自然语言处理查询引擎中,确保 LlamaIndex 能够利用数据库中的数据。

### 5.2.2 创建 NLSQLTableQueryEngine 实例

在初始化 SQLDatabase 对象之后,我们可以进一步利用 NLSQLTableQueryEngine 构建自然语言查询,这些查询将被转化为 SQL 查询以供执行。NLSQLTableQueryEngine 的构造函数包含以下关键参数。

- sql_database:指定与 SQL 数据库的连接细节。
- tables:用于指定要查询的表,在当前场景中,我们专注于之前创建的 wiki_cities 表。
- llm:指定使用的 LLM,它负责将自然语言转换为 SQL 查询。
- synthesize_response:设置为 False 时,保证我们接收到的是原始的 SQL 响应,而不是经过额外整合处理的内容。
- service_context:可选参数,允许提供特定服务的配置或插件。

以下是创建 NLSQLTableQueryEngine 实例的基本示例代码。

```
from llama_index.llms.openai import OpenAI

llm = OpenAI(temperature=0.1, model="gpt-3.5-turbo")

# 创建 NLSQLTableQueryEngine 实例
sql_query_engine = NLSQLTableQueryEngine(
    sql_database=sql_database,
    tables=["wiki_cities"],
    synthesize_response=False,
    service_context=service_context,
    verbose=True
)
```

请注意,在配置查询引擎时,我们需要明确指定想要与这个查询引擎一起使用的表。如果不这样做,查询引擎可能会尝试拉取所有数据库表的信息,这可能超出 LLM 的上下文窗口限制,导致性能问题或查询失败。

现在，让我们通过已经创建的 NLSQLTableQueryEngine 实例来执行检索工作。以下是代码示例。

```
query_str = "Which city has the highest population?"
response = sql_query_engine.query(query_str)
print(response )
```

上述代码的执行结果如下。

```
Tokyo has the highest population among the cities listed in the database, with a population of 13,960,000.
```

由于我们在创建 NLSQLTableQueryEngine 实例时将 verbose 参数设置为 True，因此我们可以看到完整的执行日志。在日志中，可以看到用户查询被自动转换成以下 SQL 语句。

```
SQL query: SELECT city_name, population, country FROM wiki_cities ORDER BY population DESC LIMIT 1;
```

这里充分展示了 NLSQLTableQueryEngine 的自然语言处理能力及其与 SQLAlchemy 引擎的集成优势。

为了梳理基于 NLSQLTableQueryEngine 实现数据库检索器的过程，我们可以将其归纳为以下几步。

（1）创建数据库查询引擎：使用 SQLAlchemy 的 create_engine 方法初始化一个数据库连接引擎。

（2）封装查询引擎：通过 LlamaIndex 中的 SQLDatabase 对象封装此查询引擎，从而可以将数据库查询引擎集成到自然语言处理查询引擎中。

（3）构建 LLM 对象：创建一个 LLM 实例，例如可以使用 OpenAI 等供应商提供的预训练模型。

（4）构建查询引擎：创建 NLSQLTableQueryEngine 实例，并将其与之前创建的数据库查询引擎集成。

（5）交互式查询：通过自然语言与 NLSQLTableQueryEngine 进行交互，以实现对数据库中数据的对话式访问。

## 5.3　LlamaIndex 数据库检索技术

LlamaIndex 为开发者提供了一套简明而实用的技术组件，旨在满足数据库检索需求，从而助力高效构建整合结构化数据和非结构化数据的 RAG 应用。本章示例系统将使用 3 个关键组件——NLSQLTableQueryEngine、SQLAutoVectorQueryEngine 和 SQLJoinQueryEngine。下面分别介绍。

1. NLSQLTableQueryEngine

NLSQLTableQueryEngine 是一款强大的工具，它能够接受自然语言输入并将其转换成 SQL 查询语句。这是在 LlamaIndex 内实现数据库检索的基本手段，用户可以通过自然语言轻松地与结构化数据进行交互。

2. SQLAutoVectorQueryEngine

SQLAutoVectorQueryEngine 结合了 SQL 数据库查询和基于向量的检索，实现了自动化的两阶段过程。第一阶段涉及对 SQL 数据库执行查询；第二阶段则根据第一阶段的结果，从向量存储中获取额外信息。名称中的 AutoVector 反映了其自动化处理流程的特点。

此引擎建立在 NLSQLTableQueryEngine 之上，允许将结构化表中的洞察与非结构化数据相结合。它通过调用选择器来决定是否需要查询结构化表以获得目标数据，并据此推断出相应的向量存储查询，以获取对应的非结构化文档。SQLAutoVectorQueryEngine 可以同时利用 SQL 数据库和向量数据库的能力，以响应复杂的自然语言查询请求。此外，它还能够智能处理针对单一数据源（如仅 SQL 数据库或仅向量数据库）的查询，为用户提供全面的解决方案。

3. SQLJoinQueryEngine

SQLJoinQueryEngine 设计用于将 SQL 数据库查询结果与其他查询引擎的结果结合起来。它可以根据情况决定是查询 SQL 数据库还是另一个查询引擎。当它选择查询 SQL 数据库时，会先执行 SQL 查询，然后评估是否需要使用来自其他查询引擎的信息来增强结果。

该引擎特别适用于需要融合 SQL 数据库查询与进一步信息检索或处理的情形。当 SQL 查询结果需要通过附加查询来丰富或细化时，SQLJoinQueryEngine 的作用尤为突出。

## 5.4 实现高阶版数据库检索器

基础版数据库检索器为我们实现自然语言检索数据库提供了技术基础，但它更多地表现为对 SQL 查询的一种包装。为了构建真正的 RAG 应用，我们需要进一步增强其能力。本节将在 5.3 节的基础上探讨如何实现一个高阶版数据库检索器。我们将整合 Chroma 向量数据库，并利用 SQLAutoVectorQueryEngine 和 SQLJoinQueryEngine 这两个 LlamaIndex 技术组件打造场景化的数据库检索方案。

## 5.4.1 整合向量存储和检索

为实现高阶版数据库检索器，我们首先需要引入向量数据库来增强 SQL 查询结果，以提供更丰富的业务数据支持。为此，这里选择 Chroma 作为向量数据库。

### 1. 搭建 Chroma 向量数据库

Chroma 是一款 AI 原生的开源向量数据库，它简化了构建 LLM 应用的过程，通过提供知识、事实和技能来增强 LLM。同时，Chroma 也是实现 RAG 技术的有效工具。它的架构设计允许在分布式环境中运行，能够处理大规模数据集。此外，Chroma 提供的 RESTful API 接口使得用不同编程语言访问变得简单，并且它还支持多种查询类型，如范围查询和 $k$ 最近邻查询等，这些特性使其非常适用于快速检索相似项的应用场景。

要开始使用 Chroma，首先需要安装它。可以通过以下命令完成安装。

```
pip install chromadb
```

Chroma 支持 3 种运行模式——内存模式、本地模式和服务模式。对于简单的使用案例或开发测试环境，可以采用内存模式。在这种模式下，使用 Chroma 非常直接，只需要几行代码即可创建客户端并执行操作。

```
import chromadb

# 创建一个 Chroma 客户端实例
client = chromadb.Client()
```

请注意，在内存模式下，数据不会被持久化。若希望数据能够持久保存，我们可以采用本地模式来配置 Chroma，使其能够在本地机器上保存和加载数据。通过这种方式，数据将自动持久化到本地存储，并在 Chroma 启动时自动加载，实现方式如下。

```
client = chromadb.PersistentClient(path="/path/to/save/to")
```

此外，Chroma 还可以配置为服务模式运行。在这种模式下，Chroma 客户端会连接到在一个单独进程中运行的 Chroma 服务器。要启动 Chroma 服务器，可以使用以下命令。

```
chroma run --path /db_path
```

随后，我们可以通过 Chroma 的 HTTP 客户端连接到该服务器，连接方法如下。

```
chroma_client = chromadb.HttpClient(host='localhost', port=8000)
```

当采用服务模式时，客户端不需要安装完整的 chromadb 模块，而只需要安装 chromadb-client，这使得 API 可以在服务模式下运行。然而，在本小节中，为了简化设置，我们将选择以本地模式运行 Chroma。

当我们启动并连接到 Chroma 之后,下一步是创建和管理集合(collection)。在 Chroma 中,集合用于存储嵌入、文档和元数据,其作用类似于关系型数据库中的表。你可以通过客户端对象的 create_collection 方法创建一个新集合,并为它指定一个名称。下面是创建集合的代码示例。

```
collection = chroma_client.create_collection(name="my_collection")
```

对于 Collection 对象,有一组常用的工具方法,可以用来管理和操作这些集合。

获取已存在的集合:如果需要访问一个已经存在的集合,可以使用 get_collection 方法,并提供集合名称作为参数。代码示例如下。

```
collection = chroma_client.get_collection("testname")
```

获取或创建集合:为了确保代码的健壮性,通常推荐使用 get_or_create_collection 方法。如果指定名称的集合不存在,该方法会创建一个新的集合;如果存在,则返回现有的集合。代码示例如下。

```
collection = chroma_client.get_or_create_collection("testname")
```

列出所有集合:要查看当前 Chroma 实例中所有的集合,可以调用 list_collections 方法。代码示例如下。

```
chroma_client.list_collections()
```

删除集合:若要删除某个集合,可以使用 delete_collection 方法,并指定集合名称。代码示例如下。

```
chroma_client.delete_collection(name="my_collection")
```

一旦成功启动了 Chroma 并且创建了集合,就可以利用 LlamaIndex 内置的技术组件构建向量索引。LlamaIndex 提供了 ChromaVectorStore 来与 Chroma 集成,这将是我们接下来介绍的重点。ChromaVectorStore 使得我们可以方便地将向量数据存储到 Chroma 中,并高效地进行检索和查询,从而增强 RAG 应用的能力。

2. 构建向量索引

通过 ChromaVectorStore,我们可以初始化一个定制的向量存储,并将其集成到 StorageContext 中。以下是实现这一过程的代码示例。

```
from llama_index import ChromaVectorStore, StorageContext, VectorStoreIndex

# 初始化向量存储并连接到指定的 Chroma 集合
vector_store = ChromaVectorStore(
    chroma_collection=chroma_collection
```

```
)
# 创建 StorageContext，并指定使用上述向量存储
storage_context = StorageContext.from_defaults(
    vector_store=vector_store
)
```

配置好 StorageContext 之后，我们现在可以基于它创建一个 VectorStoreIndex 对象。这一步骤是构建向量索引的关键。下面是创建 VectorStoreIndex 的代码示例。

```
vector_index = VectorStoreIndex(
    [],
    storage_context=storage_context
)
```

有了索引对象之后，下一步是向索引中添加业务数据。在基础版数据库检索器的实现过程中，我们创建了一个包含"城市信息"的结构化数据库。对于 RAG 应用，在索引中存储的应该是一组非结构化数据。在本示例中，我们将尝试从维基百科抓取城市数据并保存在 Chroma 中。LlamaIndex 已经提供了相应技术组件来简化这一过程，具体实现方式如下。

```
from llama_index.readers.wikipedia import WikipediaReader

# 定义要抓取的城市列表
cities = ["Toronto", "Berlin", "Tokyo"]
wiki_docs = WikipediaReader().load_data(pages=cities)
```

这里我们使用了 WikipediaReader 组件，它可以从维基百科上抓取指定城市的页面信息，并自动将其转换为一组文档对象。

接下来，我们需要将这组文档对象填充到索引中。为了确保每个文档能够被有效分割和索引，我们引入了 SentenceSplitter 组件，这是一个文本分割器，用于在保持句子边界的同时分割文本，从而生成包含句子组的节点。以下是具体的实现过程。

```
from llama_index.core.node_parser import SentenceSplitter

# 初始化 SentenceSplitter，设置每个块的最大值
node_parser = SentenceSplitter(chunk_size=1024)

for city, wiki_doc in zip(cities, wiki_docs):
    # 将文档分割成节点
    nodes = node_parser.get_nodes_from_documents([wiki_doc])

    # 为每个节点添加元数据
    for node in nodes:
        node.metadata = {"title": city}

    # 将节点插入索引中
    vector_index.insert_nodes(nodes)
```

请注意，在此过程中，我们为每个节点添加了元数据，以指明该节点所从属的文件或对应

的城市信息。这样做有助于在后续查询时更好地理解上下文。最后,我们将这些分割后的节点保存到索引中,以便于后续的检索和查询操作。

3. 实现 VectorIndexAutoRetriever

为了实现对 Chroma 中向量数据的有效检索,我们将在示例中引入一种特殊的检索器——VectorIndexAutoRetriever。为什么要选择这种新的检索器呢?常规的 VectorIndexRetriever 在我们确切知道要寻找什么以及非常了解数据结构时是非常有用的。然而,在本章介绍的示例中,我们要处理的是来自维基百科的复杂且未知的数据结构。

VectorIndexAutoRetriever 是一种更高级的检索器,它能够利用 LLM 根据内容的自然语言描述和支持的元数据自动设置向量存储中的查询参数。这种能力在用户不熟悉数据结构或不确定如何制定有效查询的情况下特别有用。通过这种方式,VectorIndexAutoRetriever 可以将模糊或不明确的查询转换为更结构化的查询,更好地利用向量存储的能力,从而增加找到相关结果的机会。

在使用 VectorIndexAutoRetriever 时,我们需要为它提供针对复杂数据的详细描述。这时,我们可以引入 LlamaIndex 的 VectorStoreInfo 组件。VectorStoreInfo 用于定义关于向量存储的信息,包括内容描述和支持的元数据过滤器。它目前主要用于与 VectorIndexAutoRetriever 配套使用。以下是 VectorStoreInfo 的使用方式。

```
from llama_index import VectorStoreInfo, MetadataInfo

vector_store_info = VectorStoreInfo(
    content_info="articles about different cities",
    metadata_info=[
        MetadataInfo(
            name="title",
            type="str",
            description="The name of the city"
        ),
    ],
)
```

可以看到,我们为向量数据添加了描述,并定义了一个名为 title 的元数据字段,用来标识城市的名称。请注意,这里指定的元数据应该与我们在构建向量时为每个节点添加的元数据保持一致,以确保查询的准确性和一致性。

有了 VectorStoreInfo 之后,我们可以进一步构建一个 VectorIndexAutoRetriever 组件,并使用它来创建查询引擎。以下是具体的实现方式。

```
from llama_index import VectorIndexAutoRetriever, RetrieverQueryEngine
from llama_index.llms.openai import OpenAI
```

```
vector_auto_retriever = VectorIndexAutoRetriever(
    vector_index,
    vector_store_info=vector_store_info
)
retriever_query_engine = RetrieverQueryEngine.from_args(
    vector_auto_retriever,
    llm=OpenAI(temperature=0, model_name="gpt-4", streaming=True)
)
```

在上述代码中，我们成功地借助 Chroma 这款主流的向量数据库存储了向量索引，并实现了对这些向量数据的有效检索。这使我们的系统不仅能够处理结构化数据，还能够高效地管理和查询非结构化数据，从而增强了系统的灵活性和功能。

至此，我们已经完成了高阶版数据库检索器的关键构建步骤，包括从维基百科抓取城市数据、将这些数据存入 Chroma，以及设置自动检索机制来优化查询体验。这种架构为复杂数据环境下的信息检索提供了强有力的支持。

## 5.4.2 实现 SQLAutoVector 检索

在本小节中，我们将基于 5.4.1 小节构建的 Chroma 索引，以及 5.3 节中所使用的 NLSQLTableQueryEngine 组件实现 SQLAutoVector 检索。这是一种高级的数据库检索机制。SQLAutoVector 检索的工作流程如图 5-4 所示。

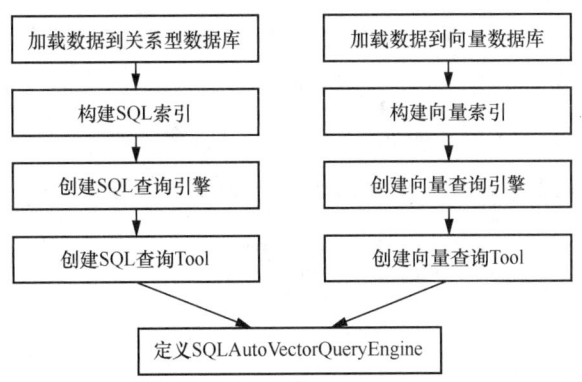

图 5-4　SQLAutoVector 检索的工作流程

根据图 5-4 所示的工作流程，在前面的内容中我们实际上已经构建了数据库查询引擎和向量查询引擎。接下来要做的就是分别实现 SQL 查询 Tool 和向量查询 Tool，并最终构建 SQLAutoVectorQueryEngine。

1. 创建 SQLTool 和 VectorTool

在 2.4 节中，我们介绍了 Tool 的概念，它允许 LLM 在必要时调用一个或多个 Tool 组件。

这些 Tool 组件通常由开发者根据业务需求进行定义。在 LlamaIndex 中，任何查询引擎都可以被转变为一个 Tool。关于 QueryEngineTool 组件的详细信息，可以在 2.6 节中找到。

针对 SQLAutoVectorQueryEngine 的初始化要求，我们需要创建两个 Tool，一个是 SQLTool，另一个是 VectorTool，分别用于 SQL 查询 Tool 和向量查询 Tool。以下是具体的实现方式。

```
from llama_index import QueryEngineTool

# 创建 SQL 查询 Tool
sql_tool = QueryEngineTool.from_defaults(
        query_engine=sql_query_engine,
        description=(
            "Useful for translating a natural language query into a SQL query over"
            " a table containing: city_stats, containing the population/country of"
            " each city"
        ),
)

# 创建向量查询 Tool
vector_tool = QueryEngineTool.from_defaults(
        query_engine=retriever_query_engine,
        description=(
            f"Useful for answering semantic questions about different cities"
        ),
)
```

在上述代码中，我们复用了前面章节中创建的 sql_query_engine 和 retriever_query_engine 这两个查询引擎。通过将这两个查询引擎的功能转化为 Tool，我们可以为接下来要创建的 SQLAutoVectorQueryEngine 提供必要的工具支持。

2. 创建 SQLAutoVectorQueryEngine

现在，我们可以创建 SQLAutoVectorQueryEngine 了，创建方式如下。

```
from llama_index import SQLAutoVectorQueryEngine
from llama_index.llms.openai import OpenAI

query_engine = SQLAutoVectorQueryEngine(
        sql_tool,
        vector_tool,
        llm=OpenAI(temperature=0, model_name="gpt-4", streaming=True),
        verbose=True
)
```

在上述代码中，我们传入了 SQLTool 和 VectorTool，使得 SQLAutoVectorQueryEngine 能够同时访问结构化数据（关系型数据库）和非结构化数据（向量数据库）。当执行查询时，它不仅能够处理来自关系型数据库的精确匹配结果，还能够在必要时调用 VectorIndexAutoRetriever 从向量数据库中检索相关信息，以进一步丰富查询结果。

此外，设置 verbose=True 可以让开发者在执行过程中看到详细的日志输出，这有助于调试和理解查询引擎的工作流程。

3. 通过日志验证交互结果

现在，让我们验证 SQLAutoVectorQueryEngine 的运行结果。首先，我们将使用以下查询条件进行测试。

```
response = query_engine.query(
    "Can you give me the country corresponding to each city?"
)
print(str(response))
```

执行上述代码后，我们预期得到的结果如下。

```
The corresponding countries for the cities are Germany for Berlin, Japan for Tokyo, and Canada for Toronto.
```

与此同时，在控制台中，我们可以观察到详细的日志信息，这些信息展示了查询引擎的工作流程。

```
    Querying SQL database: The choice (1) is most relevant as it involves translating a natural language query into a SQL query over a table containing city_stats, which includes the population/country of each city.
    INFO:llama_index.core.query_engine.sql_join_query_engine:> Querying SQL database: The choice (1) is most relevant as it involves translating a natural language query into a SQL query over a table containing city_stats, which includes the population/country of each city.
> Querying SQL database: The choice (1) is most relevant as it involves translating a natural language query into a SQL query over a table containing city_stats, which includes the population/country of each city.
    INFO:llama_index.core.indices.struct_store.sql_retriever:> Table desc str: Table 'wiki_cities' has columns: city_name (VARCHAR(16)), population (INTEGER), country (VARCHAR(16)), .
> Table desc str: Table 'wiki_cities' has columns: city_name (VARCHAR(16)), population (INTEGER), country (VARCHAR(16)), .
    ...
    SQL query: SELECT city_name, country FROM wiki_cities ORDER BY city_name;
    SQL response: The corresponding countries for the cities are Germany for Berlin, Japan for Tokyo, and Canada for Toronto.
    ...
    Transformed query given SQL response: None
    INFO:llama_index.core.query_engine.sql_join_query_engine:> Transformed query given SQL response: None
> Transformed query given SQL response: None
```

这类查询对应于 5.1 节中所描述的第一种检索场景，即仅检索关系型数据库。根据日志信息，需要注意以下几点。

- 自然语言转换：我们的自然语言问题"Can you give me the country corresponding to each city?"被成功翻译成 SQL 语句："SELECT city_name, country FROM wiki_cities ORDER

BY city_name;"。这表明 SQLAutoVectorQueryEngine 能够准确地将用户的自然语言请求转化为针对结构化数据的有效 SQL 查询。
- SQL 响应：查询结果根据数据库表中的数据准确呈现了答案："The corresponding countries for the cities are Germany for Berlin, Japan for Tokyo, and Canada for Toronto."。这证明了 SQL 查询执行正确，并且返回的结果与预期相符。
- 不需要进一步转换：由于 SQL 响应本身已经足够完整和准确地回答了问题，因此查询操作没有触发进一步的转换或处理。具体来说，向量查询引擎未被调用，因为没有必要从非结构化数据中获取额外的信息来增强答案。这一点在日志中通过 "Transformed query given SQL response: None" 得以体现。

其次，我们执行以下查询条件。

```
response = query_engine.query("Tell me about the history of Berlin")
print(str(response))
```

执行上述代码后，我们预期得到的结果如下。

```
Berlin's history dates back to the 17th century when it was devastated by the Thirty Years' War, leading to significant damage and loss of population. ...
```

与此同时，在控制台中，我们可以观察到详细的日志信息。

```
Querying other query engine: The choice is relevant for answering semantic questions about different cities, which includes providing information about the history of a specific city like Berlin.
    INFO:llama_index.core.query_engine.sql_join_query_engine:> Querying other query engine: The choice is relevant for answering semantic questions about different cities, which includes providing information about the history of a specific city like Berlin.
> Querying other query engine: The choice is relevant for answering semantic questions about different cities, which includes providing information about the history of a specific city like Berlin.
    ...
    INFO:llama_index.core.indices.vector_store.retrievers.auto_retriever.auto_retriever:Using query str: history of Berlin
    Using query str: history of Berlin
    INFO:llama_index.core.indices.vector_store.retrievers.auto_retriever.auto_retriever:Using filters: []
    Using filters: []
    INFO:llama_index.core.indices.vector_store.retrievers.auto_retriever.auto_retriever:Using top_k: 2
    Using top_k: 2
    ...
    Berlin's history dates back to the 17th century when it was devastated by the Thirty Years' War, leading to significant damage and loss of population. ...
```

这类查询对应于 5.1 节中所描述的第二种检索场景，即仅检索向量数据库。根据日志信息，需要注意以下要点。

- 选择向量查询引擎:第一行日志"Querying other query engine: The choice is relevant for answering semantic questions about different cities"明确指出 SQLAutoVectorQueryEngine 正在访问我们的向量查询引擎,而不是像在结构化数据查询场景中使用的 SQL 查询引擎。
- 调用 auto_retriever 模块:系统调用了 auto_retriever 模块(即 VectorIndexAutoRetriever),并使用了元数据过滤器 title,其值为 history of Berlin。这表明查询参数被正确设置,以确保只检索与 Berlin 历史相关的信息。
- 传递查询参数:日志还显示,通过设置 top_k: 2,将查询参数传递给了向量查询引擎。这意味着系统配置为返回最相关的前两个结果,从而确保查询结果的相关性和精确度。

最后,我们执行以下查询条件。

```
response = query_engine.query(
    "Tell me about the history of the city with the highest population")
print(str(response))
```

执行结果如下。

```
Tokyo, the city with the highest population, has a rich history ...
```

与此同时,在控制台中,我们可以看到以下信息。

```
Querying SQL database: The first choice is more relevant as it mentions 'city_stats' and 'population' which could be used to determine the city with the highest population. However, it doesn't directly address the history aspect of the question.
    INFO:llama_index.core.query_engine.sql_join_query_engine:> Querying SQL database: The first choice is more relevant as it mentions 'city_stats' and 'population' which could be used to determine the city with the highest population. However, it doesn't directly address the history aspect of the question.
> Querying SQL database: The first choice is more relevant as it mentions 'city_stats' and 'population' which could be used to determine the city with the highest population. However, it doesn't directly address the history aspect of the question.
    INFO:llama_index.core.indices.struct_store.sql_retriever:> Table desc str: Table 'wiki_cities' has columns: city_name (VARCHAR(16)), population (INTEGER), country (VARCHAR(16)), .
> Table desc str: Table 'wiki_cities' has columns: city_name (VARCHAR(16)), population (INTEGER), country (VARCHAR(16)), .
    ...
    SQL query: SELECT city_name, population, country FROM wiki_cities ORDER BY population DESC LIMIT 1;
    SQL response: The city with the highest population is Tokyo, Japan, with a population of 13,960,000. Tokyo has a rich history dating back centuries and is known for its vibrant culture, technological advancements, and bustling city life.
    Transformed query given SQL response: Can you provide more specific details about the history of Tokyo, Japan?
    INFO:llama_index.core.query_engine.sql_join_query_engine:> Transformed query given SQL response: Can you provide more specific details about the history of Tokyo, Japan?
> Transformed query given SQL response: Can you provide more specific details about the history of Tokyo, Japan?
    INFO:llama_index.core.indices.vector_store.retrievers.auto_retriever.auto_retriever: Using query str: history of Tokyo, Japan
```

```
    Using query str: history of Tokyo, Japan
    INFO:llama_index.core.indices.vector_store.retrievers.auto_retriever.auto_retriever:
Using filters: []
    Using filters: []
    INFO:llama_index.core.indices.vector_store.retrievers.auto_retriever.auto_retriever:
Using top_k: 2
    Using top_k: 2
    query engine response: Tokyo became the capital of Japan in 1868, following the Meiji
Restoration...
    INFO:llama_index.core.query_engine.sql_join_query_engine:> query engine response:
Tokyo became the capital of Japan in 1868, following the Meiji Restoration...
 > query engine response: Tokyo became the capital of Japan in 1868, following the
Meiji Restoration...
```

这类查询对应于 5.1 节中所描述的第三种检索场景，也是最复杂的检索场景，即同时检索关系型数据库和向量数据库。根据控制台输出的详细信息，需要注意以下要点。

- 选择器首先触发了 SQL 查询引擎：日志显示 SQLAutoVectorQueryEngine 选择了 SQL 查询引擎来确定人口第二多的城市。参见日志中以 "Querying SQL database" 开头的第一行。
- Text-to-SQL 翻译：系统将自然语言中的 "the city with the highest population" 精准地转换为 SQL 语句："SELECT city_name, population, country FROM wiki_cities ORDER BY population DESC LIMIT 1;"。这表明它能够准确理解用户的意图，并将其转化为具体的查询操作。
- 基于 SQL 响应的查询转换：根据 SQL 查询返回的结果，查询引擎智能地转换并提出了一个更具体的问题："Can you provide more specific details about the history of Tokyo, Japan?"，用于进一步获取该城市的历史信息。
- 调用 auto_retriever 模块：系统调用了 auto_retriever 模块（VectorIndexAutoRetriever），并通过元数据标题 "history of Tokyo, Japan" 进行过滤，使用 top_k: 2 将查询参数传递给向量查询引擎，以确保检索到的信息既相关又详尽。

作为总结，我们发现所有的场景都得到了处理。通过观察上述日志中的信息，可以详细了解这一过程的工作机制和实现细节。

4. 使用 Gradio 构建交互界面

在本小节的最后，我们将尝试使用 Gradio 这款工具为数据库检索过程添加用户交互界面。Gradio 是一个开源的 Python 包，它允许开发者快速构建 Web 应用，而不需要具备 JavaScript、CSS 或 Web 托管的经验。从定位上讲，Gradio 与 3.4 节中介绍的 Streamlit 属于同一类开发框架。

现在我们开始编写第一个 Gradio 应用。以下是代码示例。

```
import gradio as gr

def greet(name, intensity):
    return "Hello, " + name + "!" * int(intensity)

demo = gr.Interface(
    fn=greet,
    inputs=["text", "slider"],
    outputs=["text"],
)

demo.launch()
```

当我们通过 Python 执行这段代码时，系统日志中会显示 Gradio 暴露的一个本地 URL，例如 http://127.0.0.1:7861。访问这个 URL 后，将得到图 5-5 所示的交互界面。

图 5-5　交互界面

可以看到，通过几行代码我们就构建了一个功能丰富的交互界面。具体来说，这里我们实例化了一个 Interface 类，该类可以接受一个或多个输入，并返回一个或多个输出。Interface 类的核心参数如下。

- fn：要包装用户界面的函数，即定义了应用逻辑的 Python 函数。
- inputs：用于输入的 Gradio 组件。在这个示例中，我们指定了两个输入组件——一个文本框（用于输入名字）和一个滑块（用于选择问候语的强度）。
- outputs：用于输出的 Gradio 组件。在这里，我们指定了一个文本组件来展示输出结果。

请注意，fn 参数非常灵活，你可以传递任何 Python 函数，例如可以把对查询引擎的调用代码放到这个 fn 参数中。而 inputs 和 outputs 参数接受一个或多个 Gradio 组件。Gradio 集成了超过 30 个预先设计好的组件，如上述示例所展示的 text 和 slider 组件。我们可以根据需要选择和组合这些组件来创建功能丰富的交互界面。

如果你的函数接受多个参数，就像上面的情况那样，请将输入组件列表传递给 inputs，每个输入组件对应于函数中的一个参数，并按顺序排列。同样地，如果你的函数返回多个值，则可以简单地传递输出组件列表到 outputs。这种灵活性使得 Interface 类成为一种创建 Web 应用的强大方式。

让我们回到示例系统，借助 Gradio，可以编写以下交互页面代码。

```
def data_querying(input_text):
    # 基于输入的文本调用查询引擎
    query_engine = data_ingestion_indexing()
    response = query_engine.query(input_text)
    return response.response

iface = gr.Interface(fn=data_querying,
    inputs=gr.components.Textbox(lines=3, label="Enter your question"),
    outputs="text",
    title="Things to do in wiki cities")

# 启动 Gradio 界面
iface.launch()
```

执行以上代码后，我们将得到数据库检索器集成 Gradio 的交互界面，如图 5-6 所示。

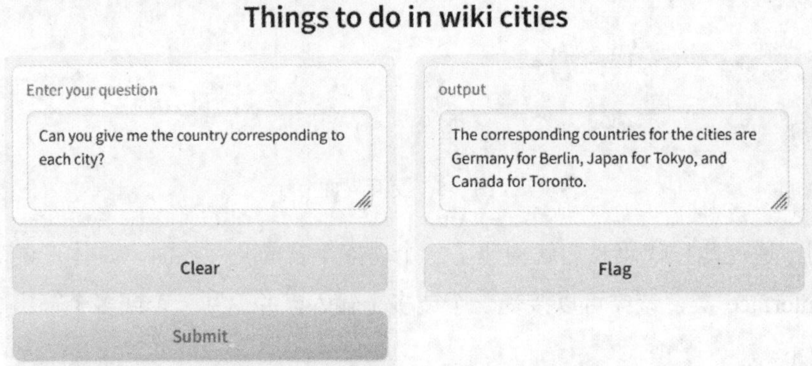

图 5-6　数据库检索器集成 Gradio 的交互界面

可以看到，我们通过 Gradio 提供的交互界面完成了与底层查询引擎的有效集成，从而为构建可视化的 RAG 应用提供了一种新的实现方案。

### 5.4.3　实现 SQL Join 检索

在本章的最后部分，我们将展示如何利用 SQLJoinQueryEngine 实现定制化的查询机制。凭借之前构建的各个技术组件，创建 SQLJoinQueryEngine 显得十分直接——只需要将 SQLTool 和 VectorTool 作为参数传入即可。下面给出了相应的代码示例。

```
from llama_index.core.query_engine import SQLJoinQueryEngine
query_engine = SQLJoinQueryEngine(
```

```
    sql_tool, vector_tool, llm=OpenAI(model="gpt-4")
)
```

现在，我们可以利用 SQLJoinQueryEngine 执行查询操作了。为了验证其交互结果，我们依然采用日志记录的方式。例如，在 Gradio 界面中输入如下查询："Tell me about the arts and culture of the city with the highest population"，所得到的日志输出如下。

```
Querying SQL database: The first choice is more relevant as it mentions 'city_stats' a
nd 'population' which are related to the question about the city with the highest population.
The second choice doesn't mention anything about population or city stats.
    INFO:llama_index.core.query_engine.sql_join_query_engine:> Querying SQL database: The
first choice is more relevant as it mentions 'city_stats' and 'population' which are related
to the question about the city with the highest population. The second choice doesn't mention
anything about population or city stats.
    > Querying SQL database: The first choice is more relevant as it mentions 'city_stats'
 and 'population' which are related to the question about the city with the highest
population. The second choice doesn't mention anything about population or city stats.
    INFO:llama_index.core.indices.struct_store.sql_retriever:> Table desc str: Table 'wiki_
cities' has columns: city_name (VARCHAR(16)), population (INTEGER), country (VARCHAR(16)), .
    > Table desc str: Table 'wiki_cities' has columns: city_name (VARCHAR(16)), population
(INTEGER), country (VARCHAR(16)), .
...
    SQL query: SELECT city_name, population, country FROM wiki_cities ORDER BY population
DESC LIMIT 1;
    SQL response: Tokyo, Japan has a population of approximately 13.96 million people...
    Transformed query given SQL response: What are some of the notable museums, galleries,
and cultural festivals in Tokyo?
    INFO:llama_index.core.query_engine.sql_join_query_engine:> Transformed query given SQL
response: What are some of the notable museums, galleries, and cultural festivals in Tokyo?
    > Transformed query given SQL response: What are some of the notable museums, galleries,
and cultural festivals in Tokyo?
    INFO:llama_index.core.indices.vector_store.retrievers.auto_retriever.auto_retriever:
Using query str: notable museums, galleries, and cultural festivals in Tokyo
    Using query str: notable museums, galleries, and cultural festivals in Tokyo
    INFO:llama_index.core.indices.vector_store.retrievers.auto_retriever.auto_retriever:
Using filters: []
    Using filters: []
    INFO:llama_index.core.indices.vector_store.retrievers.auto_retriever.auto_retriever:
Using top_k: 2
    Using top_k: 2
    query engine response: Some of the notable museums, galleries, and cultural festivals
in Tokyo include the National Noh Theatre, Kabuki-za, the New National Theatre Tokyo...
```

从这个示例可以看出，SQLJoinQueryEngine 的交互流程与 SQLAutoVectorQueryEngine 非常相似，它能够有效地结合结构化数据（如关系型数据库中的信息）与非结构化数据（如向量数据库中的信息）来提供综合性的查询结果。

# 本章小结

本章深入探讨了利用 RAG 技术构建数据库检索器的方法，重点在于如何从关系型数据库提取信息以提高 LLM 的输出质量。通过 LlamaIndex，我们讲解了 Text-to-SQL 技术，并介绍了使用 NLSQLTableQueryEngine、SQLAutoVectorQueryEngine 和 SQLJoinQueryEngine 组件搭建数据库检索器的过程。借助示例分析，我们演示了 SQLDatabase 与 NLSQLTableQueryEngine 的创建方式，以及基础版和高阶版数据库检索器的实现。

在本章的结尾部分，我们通过日志记录展示了 SQLAutoVectorQueryEngine 和 SQLJoinQueryEngine 的交互效果，同时说明了如何利用 Gradio 界面进行查询操作。本章提供的指导为开发者构建灵活且功能强大的数据库检索系统，进而开发企业级 RAG 应用奠定了基础。

# 第 6 章
# 使用 RAG 搭建知识图谱系统

尽管 RAG 机制能够通过关联生成的回答与真实数据来降低不准确信息的产生,但在处理复杂信息时,其"检索"能力的局限性可能会导致答案的精确度不足。这种局限主要在于情境理解方面。具体来说,RAG 应用仅能检索到数据集中明确包含与查询相关文档或段落的信息;对于较为隐晦的关系,它可能无法有效识别。例如,在面对非结构化文本数据时,即便存在相关信息,但因这些信息不够明显,RAG 可能会提供粗略的答案或完全无法作答。

为解决上述问题,GraphRAG(Graph Retrieval-Augmented Generation,图检索增强生成)技术被引入。本章将介绍 GraphRAG 的基本概念,并探讨如何利用 LlamaIndex 构建知识图谱系统,以增强对复杂和隐含关系的理解与处理。

## 6.1　知识图谱与 GraphRAG

GraphRAG 是一个整合了知识图谱和 RAG 技术的框架。要构建 GraphRAG,首先必须理解知识图谱(knowledge graph)的核心概念,并掌握 GraphRAG 的基本结构。

### 6.1.1　知识图谱技术

在讨论 GraphRAG 之前,有必要先了解知识图谱。知识图谱是一种数据结构,它通过实体、关系和属性来表示现实世界中的事物。

- 实体(entity):作为知识图谱的基本单元,实体代表现实世界中存在的对象,如人、地点、组织或事件。每个实体都具有特定的属性和与其他实体之间的关系,这些用来描述实体的特点和行为。
- 关系（relation）：这是连接不同实体的纽带，用以表达它们之间的关联。关系可以分为属性关系（如一个人的年龄）和实体间的关系（如某个人隶属于某个组织）。关系的类型可以是一对一、一对多或多对多。
- 属性（property）：属性是实体的特性，用于描绘实体的特征和行为。它可以是简单的，如人的名字或年龄；也可以是复杂的，如地理坐标的数值或者面积。属性的数据类型可以是数字、文本、图像等。

知识图谱采用三元组（subject-predicate-object triplet）的形式来构建关系，即主体-谓语-对象的结构。图 6-1 展示了一个具体的三元组示例："张三""居住""杭州"。这表明了一个人和一个地点之间的居住关系，但不涉及个人和地点的具体信息。每个节点都有"标签"，提供了类别等额外信息，例如，指出张三是个人，而杭州是一座城市。边上的谓语则定义了节点间的联系和方向性。

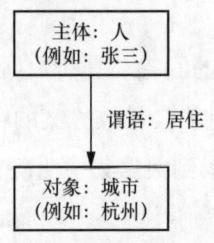

图 6-1 三元组结构示例

如果我们能从系统中提取所有节点并确定其三元组结构，就可以构建出完整的知识图谱。图 6-2 展示了使用 Neo4j 图数据库构建的知识图谱实例。

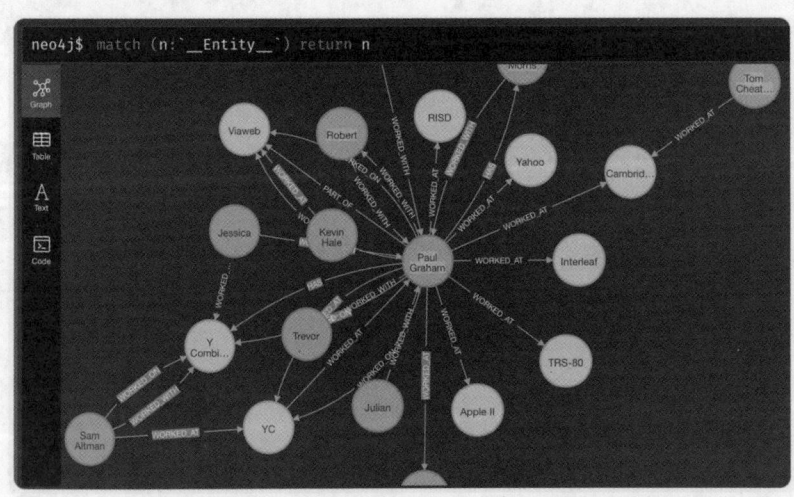

图 6-2 使用 Neo4j 图数据库构建的知识图谱

从根本上讲，知识图谱提供了一种处理复杂数据（如非结构化文本）的方法，能够从中挖掘隐含的信息关系。通过对实体、关系和属性的抽取，将非结构化的复杂信息转换成结构化的知识网络。这种结构化的形式不仅有助于模型更深入地理解和利用信息间的内在联系，还提高了答案生成时的上下文丰富性和准确性。

## 6.1.2 GraphRAG 基本结构

GraphRAG 通过融合知识图谱技术来加强模型的"检索"功能，旨在实现复杂信息的有效和可靠查询，进而提高 LLM 问答系统生成复杂信息答案的准确性。在实际应用中，GraphRAG 首先利用 LLM 将领域知识转化为图谱形式，构建一个支持图查询（graph query）的知识图谱数据库。这项技术致力于挖掘知识库内的复杂连接和隐性关系，以达到对广泛知识关系在广度和深度上的全面理解。GraphRAG 的基本结构如图 6-3 所示。

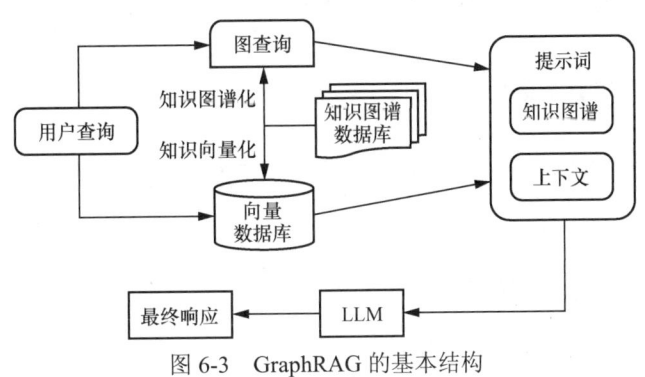

图 6-3 GraphRAG 的基本结构

当我们进行具体的检索任务时，GraphRAG 不仅会对向量数据库进行搜索，同时也会对知识图谱数据库进行查询，并整合这两个来源的信息，经过转换后生成提示词，最终由 LLM 生成回答。图 6-4 展示了 GraphRAG 的工作流程。

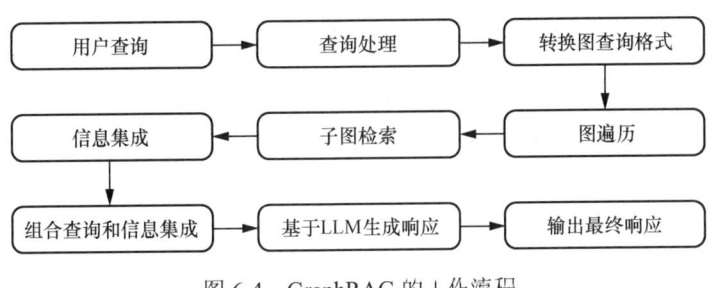

图 6-4 GraphRAG 的工作流程

与标准 RAG 相比，GraphRAG 的提示词不仅涵盖了查询信息及相关的上下文信息，还结合了从领域知识图谱中获取的相关实体、属性和关系等数据,使得内容更加充实。标准 RAG 和 GraphRAG 之间的核心差异总结在表 6-1 中。

表 6-1 标准 RAG 和 GraphRAG 的对比

| RAG 类型 | 知识表示方式 | 检索机制 | 上下文理解能力 | 推理能力 |
| --- | --- | --- | --- | --- |
| 标准 RAG | 采用平面文档结构表示知识 | 主要依赖向量相似度搜索 | 多步骤关系通常被忽略 | 关联信息推理支持较弱 |
| GraphRAG | 使用图结构表示知识 | 采用图遍历算法进行信息检索 | 能够捕捉更复杂的多步骤关系 | 针对关联信息进行更深入、更复杂的推理 |

综上所述,GraphRAG 不仅提高了 LLM 生成答案的准确性和可靠性,更重要的是,借助知识图谱技术显著增强了模型的检索能力,从而大幅增强 LLM 问答系统处理复杂信息的能力。简而言之,在复杂信息处理方面,GraphRAG 有效弥补了传统 RAG 技术的不足。

## 6.2 LlamaIndex 图处理技术

在介绍 GraphRAG 的基本概念和组成结构之后,我们现在将注意力转回到 LlamaIndex,探讨其为图处理提供的技术组件。

### 6.2.1 使用属性图构建知识图谱

如 6.1 节所述,知识图谱利用三元组结构表达关系,并且在语义推理方面有出色的表现。而 LlamaIndex 引入的属性图(property graph)则通过标记节点、关系及附加在其上的属性,提供了更为灵活的数据建模方式和更高效的查询能力,可以视作对传统知识图谱的一种增强。

属性图不仅涵盖了传统的主体、谓语和对象,还包含了与每个实体相关的属性,例如名称/值对。这种结构类似于从一个仅包含基本标签的传统家谱进化到一个记录了每位家庭成员详细信息的详尽版本。图 6-5 展示了属性图的表现形式。

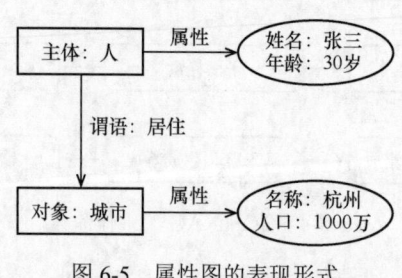

图 6-5 属性图的表现形式

在这个详细的家谱示例中，张三不仅仅被标识为人，还记录了他 30 岁的年龄；杭州也不再只是一个普通城市的名字，而是被描述为一座人口达 1000 万的大都市。值得注意的是，就连关系本身也可以拥有属性，使实体间的联系更加具体。例如，"张三自 2002 年起居住于杭州"的信息能够被添加进来，这就好比是在家谱上附注便签，详细说明所有相关细节。因此，属性图是一种由带有属性（如各类元数据）的标记节点（实体类别、文本标签等）组成的知识集合，并通过关系链接成结构化的路径。

尽管知识图谱对于大规模知识表示非常适合，但在需要高效图遍历和分析的情况下，属性图表现得尤为突出。此外，由于属性图索引的设计是模块化的，用户可以选择使用一个或多个定制的知识图谱构造器及检索器，这些特性使其成为创建知识图谱的理想工具。

回顾 1.2 节中提到的 RAG 两阶段执行过程，在索引阶段，属性图的执行流程如下。

文档→多种信息提取→属性图

而在 RAG 的检索阶段，属性图参与的过程如下。

查询→属性图→多种信息检索→LLM→答案

本章接下来的内容将基于上述两个阶段，深入讲解 LlamaIndex 中与属性图有关的各个技术组件，并完成 GraphRAG 示例系统的构建。

## 6.2.2 图数据库集成

作为主流的 RAG 开发框架之一，LlamaIndex 能够与多种图数据库实现集成。GraphStore 是 LlamaIndex 内部用于抽象图数据库集成的接口，它定义了操作图数据存储的方法，负责知识图谱数据的存取。

当前，LlamaIndex 支持与 Falkordb、Kuzu、Nebula、Neo4j、Neptune、Simple 和 Tide 等图数据库集成。对于属性图的支持，LlamaIndex 提供的图数据库集成方案如图 6-6 所示。

|  | In-Memory | Native Embedding Support | Async | Server or disk based? |
|---|---|---|---|---|
| SimplePropertyGraphStore | ✓ | ✗ | ✗ | Disk |
| Neo4jPropertyGraphStore | ✗ | ✓ | ✗ | Server |
| NebulaPropertyGraphStore | ✗ | ✗ | ✗ | Server |
| TiDBPropertyGraphStore | ✗ | ✓ | ✗ | Server |
| FalkorDBPropertyGraphStore | ✗ | ✓ | ✗ | Server |

图 6-6 LlamaIndex 提供的图数据库集成方案（来自 LlamaIndex 官方网站）

在本章中,我们将以 Neo4j 为例介绍 LlamaIndex 与属性图进行集成的开发方式。

## 6.3 知识图谱系统实现

基于前述内容的讨论,本节将利用 LlamaIndex 中的属性图组件 PropertyGraph 构建一个知识图谱系统。

### 6.3.1 使用 GraphExtractor 构建图结构

在深入探讨 PropertyGraph 的具体构建方式之前,我们首先介绍一款关键工具——图提取器(graph extractor)组件。图提取器是专门用于从原始数据中识别并提取实体和关系的工具或算法,能够将这些信息转化为图结构。简而言之,图提取器使我们能够完成知识图谱的构建过程。

LlamaIndex 已经实现了 3 种常见的图提取器组件,每一种代表了不同的图谱构建方法。这 3 种图提取器为用户提供了一系列选择,以适应不同场景下的需求。

1. ImplicitPathExtractor:隐式路径提取器

ImplicitPathExtractor 是一种相对简单的图提取器,其工作原理可通过图 6-7 来说明。

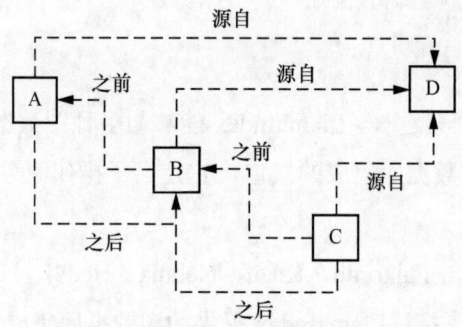

图 6-7 ImplicitPathExtractor 的工作原理

如图 6-7 所示,大文本 D 被分割为较小的文本块 A、B 和 C。这 3 个部分之间的顺序关系定义为:A 位于 B 之前,而 B 又位于 C 之前,所有这些都源自文本 D。因此,ImplicitPathExtractor 将原始文档拆解成一个有序的节点列表,并定义了它们之间的顺序关系,从而构建知识图谱。为了创建一个 ImplicitPathExtractor 组件,可以使用以下代码示例。

```
from llama_index.core.indices.property_graph import ImplicitPathExtractor
kg_extractor = ImplicitPathExtractor()
```

在运行过程中,ImplicitPathExtractor 并不依赖于 LLM 或嵌入模型,因为它只是解析已经存在于节点对象上的属性信息。

2. SimpleLLMExtractor：简单 LLM 提取器

SimpleLLMExtractor 利用 LLM 从文本片段中抽取实体及这些实体之间的关系。例如，对于文本"阳光透过窗户照射进来，温暖着坐在垫子上的猫的毛发"，SimpleLLMExtractor 能够识别并提取出其中包含的实体及这些实体之间的关系，如图 6-8 所示。

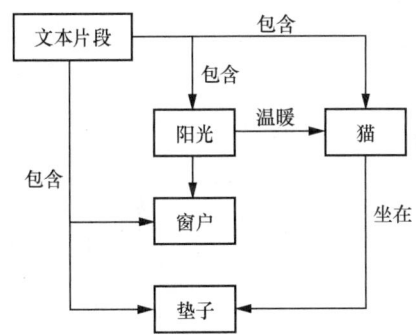

图 6-8　SimpleLLMExtractor 提取的实体及这些实体之间的关系

在上述示例中，通过 LLM 处理后，我们从文本中抽取了 4 个实体（阳光、猫、窗户和垫子），以及这些实体之间的关系。创建 SimpleLLMExtractor 的方式如下。

```
from llama_index.core.indices.property_graph import DynamicLLMPathExtractor

kg_extractor = SimpleLLMExtractor(
    llm=llm,
    max_triplets_per_chunk=20,
    num_workers=4,
    allowed_entity_types=["POLITICIAN", "POLITICAL_PARTY"],
    allowed_relation_types=["PRESIDENT_OF", "MEMBER_OF"],
)
```

SimpleLLMExtractor 会根据指定的允许实体类型和关系类型的列表来提取路径。如果未提供这些类型，LLM 将自行推断实体和关系的类型。在上面的配置示例中，尽管提供了某些实体和关系的类型以指导 LLM，但这些类型并不限制 LLM 只能使用这些确切的类型，而是帮助其更好地理解文本内容。

3. SchemaLLMExtractor：基于 Schema 的 LLM 提取器

SchemaLLMExtractor 与 SimpleLLMExtractor 的功能相似，但前者依赖于预定义的 Schema。这允许用户提前规定待提取的实体类型、节点标签和关系类型，从而提供更精确的控制。

以下是 SchemaLLMExtractor 的使用示例。

```python
from typing import Literal
from llama_index.core.indices.property_graph import SchemaLLMPathExtractor

entities = Literal["PERSON", "PLACE", "THING"]
relations = Literal["PART_OF", "HAS", "IS_A"]
schema = {
    "PERSON": ["PART_OF", "HAS", "IS_A"],
    "PLACE": ["PART_OF", "HAS"],
    "THING": ["IS_A"],
}

kg_extractor = SchemaLLMExtractor(
    llm=llm,
    possible_entities=entities,
    possible_relations=relations,
    kg_validation_schema=schema,
    strict=True,
    num_workers=4,
    max_paths_per_chunk=10,
    show_progres=False,
)
```

上述配置提供了高度定制化的设置，确保在执行提取时遵循严格的路径规则，包括指定允许的实体和关系类型，以及哪些实体能够与哪些关系相连接。通过结合来自 LLM 的结构化输出和模式验证，我们能够动态地指定一个模式，并对提取的结果进行验证，以保证知识图谱构建的准确性和一致性。

## 6.3.2 构建 PropertyGraphIndex

如同向量数据库一样，为了高效使用已经构建好的属性图，我们也需要一个索引组件来管理这些图数据。此时，PropertyGraphIndex 组件便派上用场了。

#### 1. 基于文档创建 PropertyGraphIndex

PropertyGraphIndex 是一个专为图数据设计的索引组件，它包含以下常用属性。

- nodes：要插入索引的节点列表。
- llm：用于从文本中提取三元组的 LLM。
- kg_extractors：应用于节点以提取三元组的一系列知识图谱提取器组件。
- property_graph_store：用于存储属性图的存储库。若未指定，则会创建一个新的 SimplePropertyGraphStore 实例。
- vector_store：当图存储不支持向量查询时，可以使用此参数提供的向量存储作为补充。
- use_async：指定是否异步进行转换操作，默认值为 True。
- embed_model：用于生成节点嵌入的模型。

- embed_kg_nodes：指示是否嵌入知识图谱中的节点，默认值为 True。
- storage_context：定义使用的存储上下文。

在实际开发中，通常的做法是基于一组文档来创建 PropertyGraphIndex 组件。以下是一个基础实现过程。

```
from llama_index import PropertyGraphIndex, SimpleDirectoryReader

# 加载文档
documents = SimpleDirectoryReader('data').load_data()

# 创建属性图索引
index = PropertyGraphIndex.from_documents(documents)
```

在构建 PropertyGraphIndex 时，我们采用了默认组件。若希望对这一过程进行定制化设置，则可以通过指定 embed_model、graph_store 和 vector_store 等属性来实现。以下是定制化的代码示例。

```
from llama_index.core.graph_stores import SimplePropertyGraphStore
from llama_index.vector_stores.chroma import ChromaVectorStore
import chromadb
from llama_index.embeddings.openai import OpenAIEmbedding

client = chromadb.PersistentClient("./chroma_db")
collection = client.get_or_create_collection("my_graph_vector_db")

index = PropertyGraphIndex.from_documents(
    documents,
    embed_model=OpenAIEmbedding(model_name="text-embedding-3-small"),
    graph_store=SimplePropertyGraphStore(),
    vector_store=ChromaVectorStore(collection=collection),
    show_progress=True,
)
```

此外，还可以引入之前介绍的图提取器组件以增强属性图的构建过程，具体实现方式如下。

```
from llama_index import PropertyGraphIndex, SimpleDirectoryReader
from llama_index.core.indices.property_graph import ImplicitPathExtractor,
    SimpleLLMPathExtractor

documents = SimpleDirectoryReader('data/sushi/').load_data()

index = PropertyGraphIndex.from_documents(
    documents,
    llm=llm,
    embed_model=embed_model,
    kg_extractors=[
        ImplicitPathExtractor(),
        SimpleLLMPathExtractor(
            llm=llm,
            num_workers=4,
            max_paths_per_chunk=10,
        ),
    ],
```

```
    show_progress=True,
)
```

在这段代码中,我们同时使用了 ImplicitPathExtractor 和 SimpleLLMPathExtractor 这两个图提取器组件来完成属性图的构建。通过这种方式创建的 PropertyGraphIndex 不仅能够处理文本信息,还能更深入地解析其中的实体与关系,从而提供更加丰富和结构化的知识表示。

2. 持久化和可视化图索引

属性图和图索引的构建通常是一个耗时的过程,因此,在实际应用中,我们倾向于避免每次应用程序运行时都重新执行这一操作。为了提升效率并节省资源,常见的做法是将索引持久化保存。通过持久化索引,不仅可以减少重复计算带来的资源消耗,还能降低 LLM 的使用成本。在 LlamaIndex 中,我们可以通过引入 StorageContext 来实现这一点。

借助 StorageContext,我们可以轻松地保存索引。只需要在索引对象上调用 persist 方法。以下是代码示例。

```
index.storage_context.persist(persist_dir=PERSIST_DIR)
```

执行上述方法后,LlamaIndex 会在指定的 persist_dir 目录下创建一个名为 storage 的文件夹。该文件夹包含 3 个主要文件——docstore.json、index_store.json 和 default_vector_store.json,它们分别存储文档数据、索引元数据及嵌入向量。由于我们使用的是 PropertyGraphIndex,因此在 storage 文件夹中还会额外包含 graph_store.json 和 property_graph_store.json 两个文件,用于存储与图结构相关的数据,如图 6-9 所示。

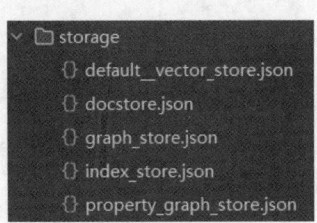

图 6-9 storage 文件夹

从持久化的目录重建 StorageContext 并恢复索引,不需要重新处理原始数据,可以使用 load_index_from_storage 方法。代码示例如下。

```
from llama_index import load_index_from_storage, StorageContext

storage_context = StorageContext.from_defaults(persist_dir=PERSIST_DIR)
index = load_index_from_storage(storage_context)
```

我们可以优化存储索引和加载索引的流程,将其整合为一套模板方法,以确保代码的清晰与简洁。以下是代码示例。

```
PERSIST_DIR = "./storage"
# 检查持久化目录是否存在，若不存在则构建并保存索引；若存在则直接加载索引
if not os.path.exists(PERSIST_DIR):
    documents = SimpleDirectoryReader('data/paul_graham/').load_data()
    index = PropertyGraphIndex.from_documents(
    ...
    )
    # 存储索引到指定目录
    index.storage_context.persist(persist_dir=PERSIST_DIR)
else:
    # 从指定目录加载已存在的索引
    storage_context = StorageContext.from_defaults(persist_dir=PERSIST_DIR)
    index = load_index_from_storage(storage_context)
```

此外，PropertyGraphIndex 提供了一项非常实用的功能——它能够生成一个 HTML 文件来可视化展示知识图谱。实现这一功能的代码如下。

```
index.property_graph_store.save_networkx_graph(name="./pg.html")
```

需要注意的是，我们目前将 LlamaIndex 内置的 SimplePropertyGraphStore 作为图数据库，而非外部集成的图数据库。SimplePropertyGraphStore 包含了一个用于调试的工具方法 save_networkx_graph，它可以将图的 NetworkX 表示形式保存到 HTML 文件中，从而提供一个直观的知识图谱可视化界面，如图 6-10 所示。

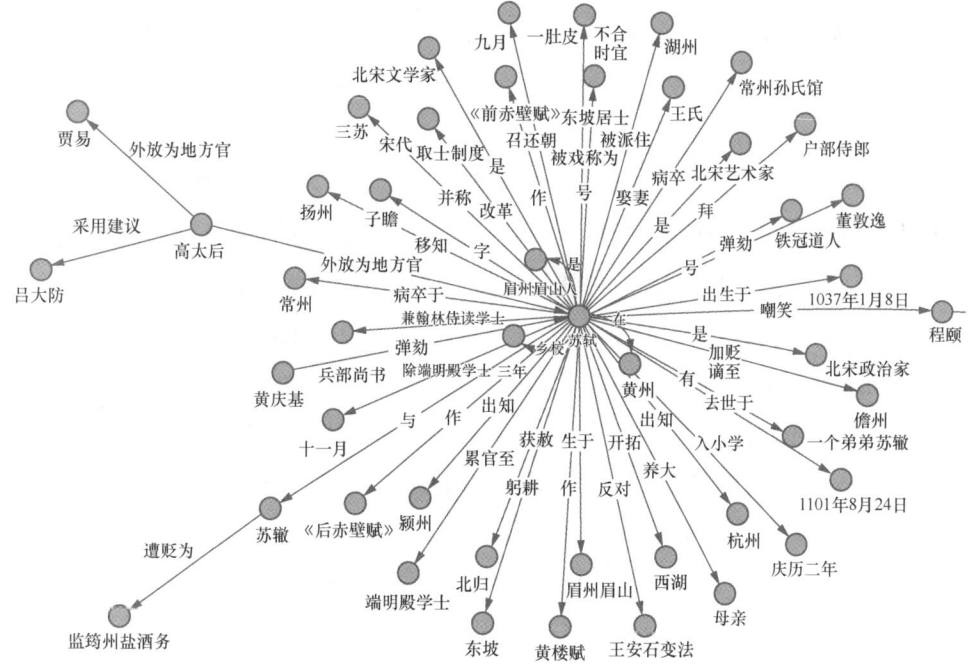

图 6-10　知识图谱的可视化展示

## 6.3.3 创建 Retriever 和 QueryEngine

现在我们已经成功创建了属性图索引 PropertyGraphIndex，接下来可以利用这个索引对象执行检索操作。在本小节中，我们将分别介绍如何使用图检索器（graph retriever）组件以及查询引擎（query engine）组件。

### 1. 创建图检索器

查询属性图索引通常涉及使用一个或多个子检索器（sub-retriever），并将这些子检索器的结果组合起来。基于属性图索引创建图检索器的实现方式如下。

```
retriever = index.as_retriever(sub_retrievers=[retriever1, retriever2, ...])
```

图检索器是从已构建的属性图中检索信息的技术组件，它们支持复杂的查询操作，帮助用户找到特定的节点、边或路径。图检索可以理解为两步操作：选择节点以及对这些节点执行遍历。

LlamaIndex 提供了以下 4 种主要的图检索器组件以实现高效的属性图检索。

- LLMSynonymRetriever：LLM 同义词检索器。它根据用户的查询生成同义词和关键词，以定位最近的节点及其邻居。尽管这种方法有助于扩大搜索范围，但依赖关键词搜索的方式可能不够可靠。
- VectorContextRetriever：向量上下文检索器。该检索器利用嵌入和余弦相似性进行向量相似性搜索，以识别相关的节点。它可以单独用于图数据库，也可以结合图数据库和向量数据库一起使用，提供更丰富的检索能力。
- Text2CypherRetriever：文本转 Cypher 检索器。通过 LLM，根据用户查询生成 Cypher 查询语句，从而从图数据库中提取数据。这非常适合需要聚合的全局查询，就像是拥有一款翻译工具，能够将自然语言问题转化为知识图谱能理解的语言。
- CypherTemplateRetriever：Cypher 模板检索器。此检索器允许我们使用带有参数占位符的 Cypher 查询模板。对于具体的用户查询，LLM 会填充这些参数，以构建最终的 Cypher 查询。这种方法大大降低了 LLM 生成错误 Cypher 语句的风险，类似于预先准备好的问题框架，只需要填空即可，减少了提出知识图谱无法理解的问题的可能性。

如果未指定子检索器，LlamaIndex 默认会使用 LLMSynonymRetriever 和 VectorContextRetriever（前提是启用了嵌入功能）。以下是使用 VectorContextRetriever 的创建方法示例。

```
from llama_index.core.indices.property_graph import VectorContextRetriever

vector_retriever = VectorContextRetriever(
```

```
    index.property_graph_store,
    embed_model=embed_model,
    include_text=False,
    similarity_top_k=2,
    path_depth=1,
    ...,   # 其他参数
)
retriever = index.as_retriever(sub_retrievers=[vector_retriever])
```

在日常开发中，若无特殊需求，我们通常可以直接使用默认配置的图检索器。针对示例系统，可以采用以下实现方式，并通过调用检索器的 retrieve 方法来触发检索操作。

```
retriever = index.as_retriever(
    include_text=False,
)
nodes = retriever.retrieve("苏轼的履历是怎么样的？")
for node in nodes:
    print(node.text)
```

上述代码展示了如何初始化一个检索器，并将 include_text 参数设置为 False，这意味着检索结果不包括原始文本内容。检索器获取的是一组 Node 对象，我们遍历这些对象并打印出它们的文本信息。执行效果如下。

```
"""
苏轼 -> 除端明殿学士 -> 十一月
苏轼 -> 开拓 -> 西湖
苏轼 -> 被戏称为 -> 一肚皮不合时宜
苏轼 -> 入乡校 -> 三年
苏轼 -> 官至 -> 兵部尚书
苏轼 -> 嘲笑 -> 程颐
苏轼 -> 召还朝 -> 九月
苏轼 -> 出生于 -> 1037 年 1 月 8 日
苏轼 -> 兼翰林侍读学士 -> 兵部尚书
...
苏轼 -> 去世于 -> 1101 年 8 月 24 日
苏轼 -> 躬耕 -> 东坡
苏轼 -> 娶妻 -> 王氏
黄庆基 -> 弹劾 -> 苏轼
苏轼 -> 反对 -> 王安石变法
苏轼 -> 获赦 -> 北归
苏轼 -> 是 -> 北宋艺术家
苏轼 -> 是 -> 眉州眉山人
苏轼 -> 作 -> 《前赤壁赋》
苏轼 -> 入小学 -> 庆历二年
苏辙 -> 遭贬为 -> 监筠州盐酒务
南宋孝宗 -> 追赠谥号 -> 文忠
"""
```

这段输出显示了与查询"苏轼的履历是怎么样的？"相关的三元组结构信息。实际上，在系统日志中，每个元素都关联了三元组源 ID（triplet_source_id），这有助于构建完整的知识图谱结构。代码示例如下。

```
苏轼 ({'triplet_source_id': '50db6f62-fff3-4442-a540-8291e46c911a'}) -> 除端明殿学士 ({'triplet_source_id': 'b11f7d11-a9ab-4bd8-ba57-7d93484fe125'}) -> 十一月 ({'triplet_source_id': 'b11f7d11-a9ab-4bd8-ba57-7d93484fe125'})
苏轼 ({'triplet_source_id': '50db6f62-fff3-4442-a540-8291e46c911a'}) -> 开拓 ({'triplet_source_id': '0497c2cb-24df-454c-b2b0-7423afb50053'}) -> 西湖 ({'triplet_source_id': '0497c2cb-24df-454c-b2b0-7423afb50053'})
```

每个 triplet_source_id 提供了一个全局唯一的标识符，用于跟踪和构建完整的知识图谱结构，确保即使在复杂的数据环境中也能准确地维护节点之间的关系。

2. 创建图查询引擎

通过查询引擎对 PropertyGraphIndex 执行检索操作的实现方法也很简单，代码示例如下。

```
query_engine = index.as_query_engine(
    include_text=True
)
response = query_engine.query("苏轼的履历是怎么样的？")
print(response.response)
```

请注意，在这里我们将参数 include_text 设置为 True，以确保结果中包含匹配路径的源文本片段。上述代码执行后返回的结果如下。

苏轼出生于1037年1月8日，北宋艺术家，眉州眉山人。他在小学时入学，庆历二年开始学习。苏轼曾担任过多个官职，被贬谪至不同地方，包括惠州、儋州、贵州等地。他在不同地方历经风波，最终在常州孙氏馆病卒，享年六十四岁。在南宋时期，孝宗追赠给苏轼谥号文忠。

从输出结果可以看出，PropertyGraphIndex 查询引擎已对文本内容进行了相应的处理和组织，提供了有关苏轼履历的信息。

### 6.3.4 集成图数据库

在前几个小节中，我们已经探讨了如何构建和检索 PropertyGraphIndex，并且将默认提供的 SimplePropertyGraphStore 作为属性图存储。本小节将介绍如何将外部的图数据库 Neo4j 作为 PropertyGraphStore，即 Neo4jPropertyGraphStore，以实现知识图谱的数据存储。

在 LlamaIndex 中，Neo4jPropertyGraphStore 类提供了与 Neo4j 图数据库交互的功能。为了连接 Neo4j，必须指定的关键参数包括用户名、密码、访问 URL 及目标数据库。以下是设置这些参数并初始化 Neo4jPropertyGraphStore 实例的代码示例。

```
from llama_index.graph_stores.neo4j import Neo4jPropertyGraphStore
```

```
graph_store = Neo4jPropertyGraphStore(
    username="neo4j",
    password="neo4j@123456",
    url="bolt://localhost:7687",
)
graph_store.refresh_schema()
```

完成上述配置后，我们现在可以利用 Neo4jPropertyGraphStore 创建一个 PropertyGraphIndex，从而替代默认的 SimplePropertyGraphStore。以下是创建索引时指定自定义 property_graph_store 的代码示例。

```
PropertyGraphIndex.from_documents(
    documents,
    llm=llm,
    embed_model=embed_model,
    property_graph_store=graph_store,
    show_progress=True,
)
```

请注意，当我们将图数据存储到 Neo4j 这一图数据库中时，实际上进行了数据的持久化操作。为了避免每次加载索引数据时都重复创建索引的过程，我们可以利用 Neo4jPropertyGraphStore 提供的 get 方法来检查图数据是否存在。以下是实现此逻辑的代码示例。

```
exists = True if graph_store.get() else False

if exists:
    index = PropertyGraphIndex.from_existing(
        llm=llm,
        embed_model=embed_model,
        property_graph_store=graph_store,
        show_progress=True,
    )
else:
    index = PropertyGraphIndex.from_documents(
        documents,
        llm=llm,
        embed_model=embed_model,
        property_graph_store=graph_store,
        show_progress=True,
    )
```

上述代码展示了如何根据图数据的存在与否选择不同的索引创建方式。如果图数据已经存在，我们将使用 PropertyGraphIndex 的 from_existing 方法基于现有的属性图存储实例化一个索引对象；反之，则从文档开始构建新的索引数据。

无论选择哪种 PropertyGraphStore，对 PropertyGraphIndex 执行检索的方式应保持一致。以下是如何进行查询操作的代码示例。

```
query_engine = index.as_query_engine(
    include_text=True
```

)
```
response = query_engine.query("苏轼的履历是怎么样的？")
```

这段代码的执行结果将与 6.3.3 小节中的演示相似，区别在于此次检索的数据来源于 Neo4j 图数据库，而非 LlamaIndex 内置的 PropertyGraphStore。

## 6.4 实现 RAG 的可观测性

使用诸如 LlamaIndex 之类的工具来构建基于 LLM 的应用，对开发者来说非常友好，因为这些框架简化了底层技术实现的复杂度。然而，这也给系统的调试和维护带来了挑战。当系统行为偏离预期时，开发者需要通过有效的手段来理解问题所在。他们必须穿透这些框架提供的抽象层次，以确定根本原因。简而言之，我们需要能够洞察代码内部的工作机制，理解各组件之间的交互，并识别潜在的问题。这就凸显了实现可观测性的必要性。在本节中，我们将介绍 Phoenix 这一工具，它用于实现 RAG 应用的链路追踪，从而为开发者提供所需的可观测性。

### 6.4.1 链路追踪基本原理

Phoenix 通过链路追踪机制为 RAG 应用提供有效的监控。要理解链路追踪的基本原理，首先需要掌握两个核心概念——TraceId 和 SpanId。

1. TraceId

在 RAG 应用中，每个用户请求都会被分配一个全局唯一的标识符——TraceId（跟踪 ID）。此 ID 贯穿整个调用链，确保从请求到返回的全过程都能通过这个唯一标识符串联起来。

2. SpanId

除了 TraceId 以外，链路追踪还依赖于 SpanId（跨度 ID）。跨度代表的是调用链中的一个特定操作或段落，具有明确的起始点和终止点。通过记录每个跨度的开始时间和结束时间，我们可以计算出该操作所花费的时间，从而确定调用过程中的延迟情况。

由上述解释可知，TraceId 与 SpanId 之间存在着一对多的关系：一次调用链中仅存在一个 TraceId，但可能包含多个 SpanId。这些 SpanId 之间可以形成父子关系，即后一个跨度通常以前一个跨度作为其父节点，如图 6-11 所示。

Phoenix 的链路追踪功能同样建立在 TraceId 和 SpanId 的概念之上，这对于捕捉应用详细的执行流程是至关重要的。TraceId 和 SpanId 的层次结构使开发者得以深入探究具体操作，了解各个组件对整个过程的贡献。Phoenix 的设计目标是与 LlamaIndex 无缝对接，让开发者可以轻松地对其 RAG 应用实施追踪。

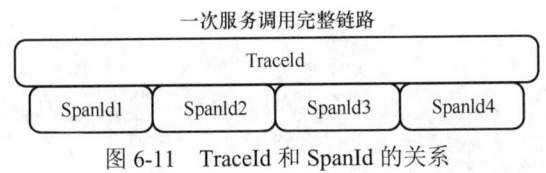

图 6-11 TraceId 和 SpanId 的关系

### 6.4.2 基于 Phoenix 追踪 RAG

鉴于 Phoenix 采用的是客户端-服务器架构,它支持以本地或远程模式收集追踪数据。这使得我们可以自动化地收集每个操作背后的数据提取、索引创建、检索执行、处理步骤以及任何 LLM 调用的详情。在后台,Phoenix 服务器负责收集这些数据,并支持实时可视化和分析功能。为了在 RAG 应用中启用 Phoenix 的追踪能力,首先需要安装 arize-phoenix 相关的组件。

一旦完成必要组件的安装,使用 Phoenix 就变得非常直接。尽管该框架提供了众多高级特性可供挖掘,但在此我们将专注于展示如何利用 Phoenix 来实现对 LlamaIndex 应用执行过程最简单有效的追踪方法。具体来说,我们会使用一个名为 set_global_handler 的方法,通过配置它,可以使 LlamaIndex 与 Phoenix 集成,从而对每一个操作进行追踪。下面展示了引入 Phoenix 并设置全局处理器的代码示例。

```python
from llama_index.core import (
    SimpleDirectoryReader,
    VectorStoreIndex,
    set_global_handler
)
import phoenix as px
```

可以看到,这里导入了 set_global_handler 方法和 Phoenix 库。接下来,我们将启动 Phoenix 服务器,并配置 LlamaIndex 以将其作为全局回调处理器,实现方式如下。

```python
px.launch_app()
set_global_handler("arize_phoenix")
```

从现在起,应用执行的每一个操作都将生成由 Phoenix 服务器收集的追踪数据。为了确保这些步骤融入已构建的图处理流程中,在最后我们添加以下代码以保持服务器在线状态,从而持续获取追踪信息。

```python
input("Press <ENTER> to exit...")
```

现在,通过查询引擎执行检索操作后,可以在浏览器中访问 Phoenix 提供的可视化 Web 界面,地址为 http://localhost:6006/。Phoenix 服务器的用户界面如图 6-12 所示。

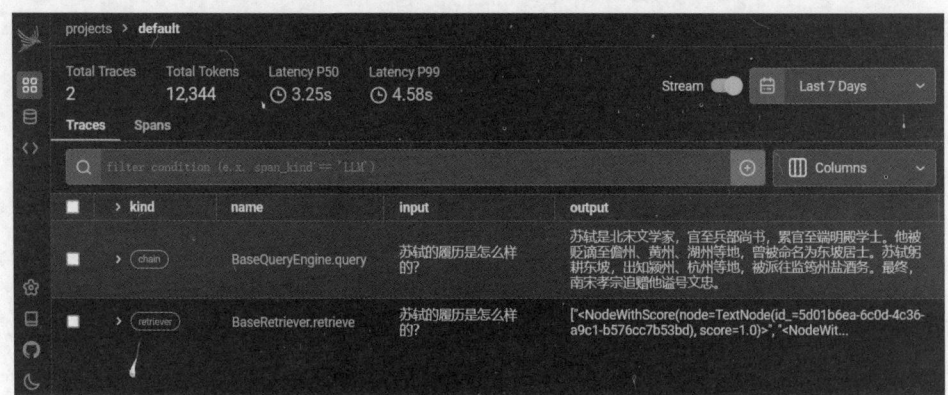

图 6-12　Phoenix 服务器的用户界面

在图 6-12 中,Phoenix 服务器的用户界面为我们提供了代码完整追踪的可视化展示,这些追踪被组织成两个独立的 Trace。当我们选择点击 Spans 标签页时,可以深入探索更详细的 Span 信息,如图 6-13 所示。

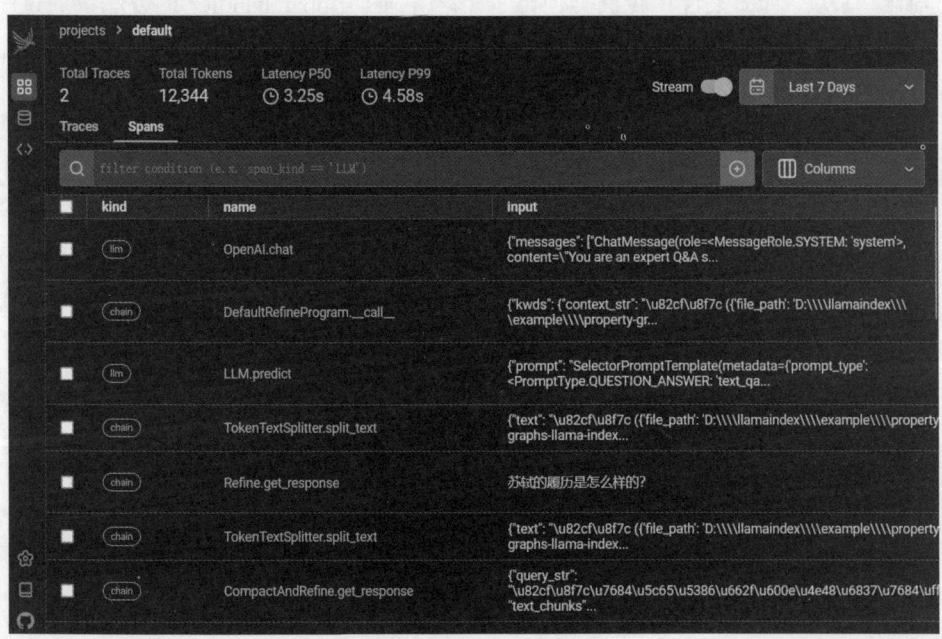

图 6-13　Span 信息

Span 信息中各列的意义如下(请注意,由于篇幅限制,并非所有列都在图 6-12 和图 6-13 中显示)。

- kind：标识了每个 Trace 或 Span 所属的类型。类别包括链（chain）、检索器（retriever）、重排器（re-ranker）、LLM、嵌入（embedding）、工具（tool）或代理（agent）。在 Phoenix 环境中，链通常指代 LLM 应用操作序列的起始点或是连接不同工作流步骤的桥梁。
- name：提供了对特定 Trace 或 Span 更为详尽的描述，图 6-13 中列举了多个 Span 的名字。
- input 和 output：这两列紧接着出现，它们分别呈现了 Trace 或 Span 接收的具体输入内容及其产生的最终输出。
- start time：记录了每个 Trace 或 Span 启动的确切时间。
- latency：度量了每个 Trace 或 Span 的总执行时间，这对于性能优化至关重要。
- total tokens：表明了与特定操作相关的令牌总数。
- status：显示操作是否顺利完成。

如果单击图 6-13 中的 kind 列，将获得一个类似于图 6-14 所展示的详细可视化视图。

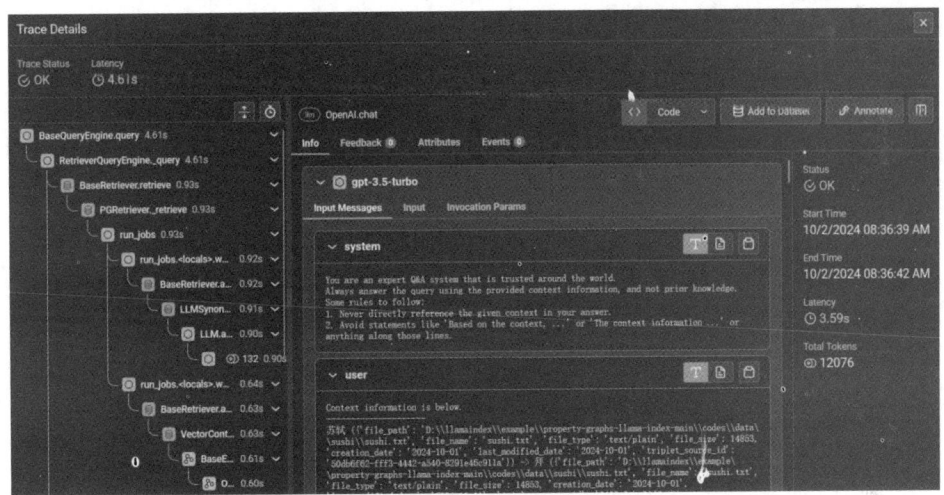

图 6-14　Phoenix 中追踪的详细信息

图 6-14 描绘了 Phoenix 中追踪的详细信息，在这里我们可以细致地观察到每个 Span 执行期间发生的每一个单独步骤。例如，查询引擎的操作被细分为检索部分和利用 LLM 合成最终响应的过程。通过逐一点击各个步骤，我们能够深入探究其属性和底层机制，鼓励你尝试这种交互式探索。

## 本章小结

本章聚焦于使用 RAG 技术构建知识图谱系统的设计与实现。我们首先概述了知识图谱的核心概念，即实体、关系和属性，以及它们组成的三元组结构。其次，本章深入探讨了 GraphRAG 的架构及运作流程，并指出了它相较于标准 RAG 的独特之处。

基于 LlamaIndex 中的图处理技术，我们介绍了如何使用属性图构建知识图谱。具体而言，本章阐释了利用不同的图提取器从原始数据中抽取图结构并建立 PropertyGraphIndex 的方法。本章还涉及了图索引的持久化存储与可视化技术，同时介绍了 Retriever 和 QueryEngine 的创建过程，用于支持信息检索功能。此外，本章也讨论了 LlamaIndex 与图数据库（如 Neo4j）的整合方案，以便借助外部 PropertyGraphStore 丰富知识图谱的构建。

通过本章内容的学习，我们可以构建一个强大的知识图谱系统。该系统不仅能够处理复杂且相互关联的信息，还能为 LLM 提供深度上下文支持，进而生成更加精准和可信的回答。

# 第 7 章
# 使用 RAG 集成工作流引擎

工作流（Workflow）引擎是一种软件系统，它使用户能够设计并自动化各种工作流程的步骤。这些步骤涵盖任务调度、任务执行、流程监控以及流程优化等。工作流引擎在业务流程管理、数据管道、IT 自动化等诸多领域都有着广泛的应用。

引入工作流引擎的原因在于其模块化开发的优势，即通过抽象业务节点实现流程与业务逻辑的分离，这不仅方便了业务节点的组装，还构成了许多低代码平台的基础架构。对于 LLM 应用，工作流引擎尤为适用。我们可以将模型视为一个万能 API，不同于传统 API 有固定的输入输出参数及功能定义，模型能够根据提供的提示进行推理，其具体行为和返回结果由用户自定义。例如，在系统运行过程中检测日志并在发现异常时向指定邮件组发送通知，这一系列动作便构成了一种典型的工作流。

本章旨在探讨如何将工作流引擎与 RAG 开发流程相结合，以创建更加灵活且功能强大的 RAG 应用。我们将通过以下两个示例场景具体说明。

- 基于工作流实现自定义的 ReActAgent。
- 基于工作流实现可纠错 RAG。

LlamaIndex 为开发者提供了一系列内置的技术组件，以支持工作流引擎的实现。针对每个示例，我们将深入分析具体的业务需求，并设计相应的解决方案，最终利用 LlamaIndex 提供的工具完成系统的开发。

## 7.1 工作流 RAG 场景分析

讨论至此,你可能会提出疑问:工作流引擎与 RAG 如何实现整合?虽然二者的关联并不直观明显,但我们可以从以下几个角度探讨它们之间潜在的联系。

- 自动化文档检索:在某些工作流中,可能需要自动检索文档或信息。这时,可以通过集成 RAG 应用来强化检索步骤,提高检索结果的准确性和相关性。
- 生成工作流文档:对于需要自动生成文档或报告的工作流,RAG 能够用于高效且一致地创建这些内容。
- 智能决策支持:在工作流的关键决策点,利用 RAG 应用提供基于文本的智能建议或决策辅助,以提高决策质量。
- 自然语言界面:RAG 可用于构建工作流引擎的自然语言接口,使用户能通过自然语言命令控制和操作工作流。
- 监控与优化:RAG 有助于解析工作流日志文件,从而生成监控报告或提出优化建议,帮助提升工作流效率。

上述关联主要从工作流的角度出发,探索了 RAG 如何在其流程中发挥作用。然而,我们也可以从 RAG 的角度审视,思考如何让工作流更好地服务于 RAG 流程的建设。由于构建 RAG 应用本身就是一个工作流执行的过程,因此引入工作流引擎的最佳实践可以用来优化 RAG 流程的开发。这往往是开发者容易忽视的一个方面,也是我们在构建 RAG 应用时必须掌握的核心技能之一。

接下来,我们将通过具体示例深入分析如何运用工作流技术优化 RAG 应用的构建过程。但在进一步探讨之前,让我们先详细了解 LlamaIndex 中的工作流组件及其功能。

## 7.2 LlamaIndex 的工作流组件

LlamaIndex 内置了一个简化版的工作流引擎,本节将深入分析该框架所提供的工作流组件,介绍其核心概念、开发模式及功能特性。

### 7.2.1 LlamaIndex 工作流核心概念

在 LlamaIndex 中,工作流是事件驱动的抽象机制,用于串联多个事件。这是一种高效且灵活的设计方法。在详细介绍 LlamaIndex 工作流的具体概念之前,我们先来理解背后的架构模式——事件驱动架构（Event Driven Architecture，EDA）。

1. 事件驱动架构

事件驱动架构是软件设计和开发中的一种主流架构模式，其基本结构包括一个事件中心，各个服务能够执行事件的发布、订阅及消费等操作，如图 7-1 所示。

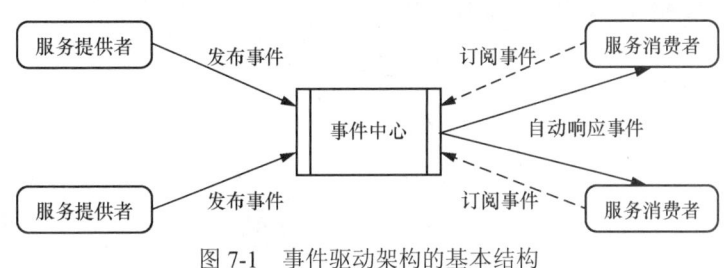

图 7-1　事件驱动架构的基本结构

事件驱动架构的技术组件与观察者模式类似，都采用了图 7-2 所示的组件结构。

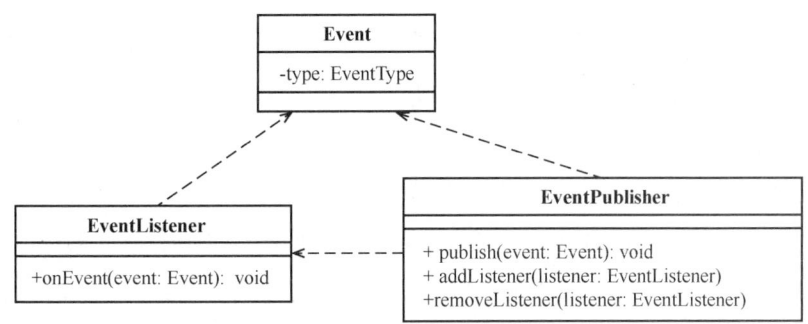

图 7-2　事件驱动架构的组件结构

以观察者模式为例，主题（Subject）相当于事件（Event），而观察者则对应于事件监听器（EventListener）。事件发布器（EventPublisher）负责发布事件，并管理一组事件监听器。当某个事件被触发时，所有对该事件感兴趣的监听器都会接收到通知，并根据预定义的逻辑进行响应。

事件驱动架构代表了一种特定的架构设计风格，其实现方式和工具多种多样。LlamaIndex 内置的工作流引擎借鉴了事件驱动架构的设计理念，通过这种方式实现了对工作流的管理和控制。

2. 工作流组成结构

在 LlamaIndex 中，Workflow 类用于定义工作流，而每个工作流由多个步骤（step）构成，每个步骤负责处理特定类型的事件，并可能触发新的事件。从组成结构层面来看，步骤可以被视为工作流中的节点；而在代码实现层面，步骤则是执行具体业务逻辑的方法，工作流本身则充当了协调这些方法执行的事件驱动抽象层。图 7-3 展示了 LlamaIndex 工作流的基本组成结构，突出了 Workflow、Step 和 Event 这 3 个核心概念。

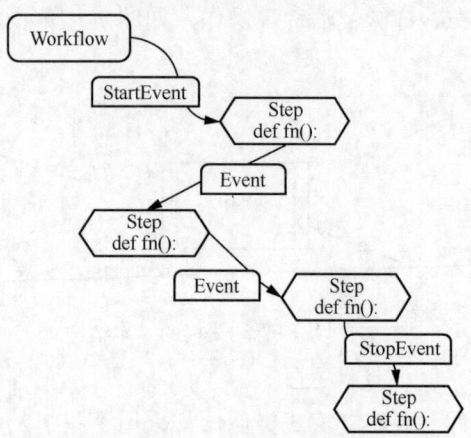

图 7-3　LlamaIndex 工作流的基本组成结构

如图 7-3 所示，每个步骤处理特定类型的事件，并能够发出新事件。步骤既可以作为 Workflow 类的一部分来定义，也可以是独立的函数。为了定义一个步骤，目标方法或函数需要使用@step 装饰器进行标注。@step 装饰器的作用在于推断每个工作流步骤的输入和输出类型，以确保类型安全，并验证每个步骤仅在其指定的目标事件发生时运行。

LlamaIndex 的工作流机制提供了基本的验证功能，旨在尽早捕捉潜在的运行时错误。这种验证在工作流启动时执行一次，并设计为不会带来显著的性能开销。开发者根据需求可以选择禁用这一验证功能。此外，LlamaIndex 还自动提供了一套可视化工具，能够生成工作流执行的图形化表示，帮助开发者更好地理解和调试工作流。我们将在后续章节中详细演示这些功能特性。

### 7.2.2　LlamaIndex 工作流开发模式

要在 RAG 应用中利用 LlamaIndex 的工作流组件，首先需要执行以下安装命令。

```
pip install llama-index-utils-workflow
```

成功安装工作流组件后，接下来就可以使用 LlamaIndex 提供的技术组件开发工作流了。本小节将详细介绍工作流的开发模式。

**1. 定义事件和工作流**

由于 LlamaIndex 是一个基于事件驱动的工作流引擎，因此在开发工作流时，第一步是定义事件。事件是继承自 Event 基类的数据结构，用于表示工作流中的不同状态或动作。以下是定义事件的代码示例。

```
rom llama_index.events import Event
from typing import List
from llama_index.messages import ChatMessage

class InputEvent(Event):
    input: list[ChatMessage]
```

在上述代码中，我们定义了一个名为 InputEvent 的事件，它包含一个 input 属性，用来存储一组 ChatMessage 对象，即聊天消息历史列表。事件作为用户自定义的对象，可以添加任意数量的属性和辅助方法以满足业务需求。

有了事件之后，下一步是定义工作流本身。这通常涉及创建一个继承自 Workflow 类的自定义类。例如，以下是初始化一个名为 MyWorkflow 的工作流对象的代码示例。

```
from llama_index.workflow import Workflow
from llama_index.llms import OpenAI

class MyWorkflow(Workflow):
    llm = OpenAI(model="gpt-4o-mini")
    ...
```

在上述代码中，MyWorkflow 通过继承 Workflow 类实现，并且我们为它配置了一个静态的 OpenAI 语言模型实例作为 LLM。

为了启动这个工作流，我们需要设计一个入口点，也就是第一个步骤。实现方式如下。

```
from llama_index.events import StartEvent

class MyWorkflow(Workflow):
    @step
    async def first_step(self, ev: StartEvent) -> InputEvent:
        # 执行业务逻辑
        return InputEvent(...)
```

上述方法看上去比较简单，但需要注意以下要点。

- StartEvent：LlamaIndex 工作流内置了一个特别的 StartEvent，它标志着整个工作流的起点。任何工作流启动后进入的第一个事件必须是 StartEvent，通过这个事件可以传递初始化数据给工作流。
- @step 注解：我们在 first_step 方法上添加了@step 装饰器，表明这是一个工作流中的处理步骤。该装饰器有助于框架识别并管理这些步骤。
- InputEvent 作为返回值：first_step 方法的返回值是一个 InputEvent，表示该步骤执行完成后生成一个新的自定义事件。此新事件的创建和发送推进了整个工作流的流转。

- **异步方法**：first_step 方法前添加了 async 关键字，表明这是一个异步执行的方法。因此，在调用该方法时应采用相应的异步机制，如使用 await 关键字来等待其完成。

类似地，为了完整工作流的设计，我们也需要定义一个出口点，即最后一个步骤。定义方式如下。

```
from llama_index.events import StopEvent

class MyWorkflow(Workflow):
    @step
    async def last_step(self, ev: InputEvent) -> StopEvent:
        # 执行业务逻辑
        return StopEvent(...)
```

在上述代码中，我们定义了工作流中的最后一个步骤——last_step。之所以确定它是最后一个步骤，是因为它返回了一个特殊的 StopEvent。当工作流遇到返回的 StopEvent 时，会立即停止工作流的执行，并返回结果。在此过程中，我们可以将与业务逻辑相关的数据对象协调到返回的结果中，这些对象通常来自与 LLM 交互的结果。

2. 执行工作流

我们可以在 MyWorkflow 中添加任意数量的步骤，以构建一个能够处理复杂业务场景的工作流程。一旦 MyWorkflow 构建完成，接下来就可以执行它了。执行方式如下。

```
workflow = MyWorkflow(timeout=60, verbose=False)
result = await workflow.run(...)
print(str(result))
```

这里，我们可以添加一些配置参数，例如设置工作流步骤执行的最大超时时间（以秒为单位）以及是否输出详细的调试信息。

正如所见，LlamaIndex 工作流将异步调用视为核心特性之一，所有步骤的执行均推荐使用异步编程的方式实现。这意味着我们需要确保每个步骤都实现了异步执行的能力。在 Python 环境中，我们利用 asyncio 库来简化异步代码的编写。对于工作流开发，最佳实践是设计一个单一的异步入口点，实现方式如下。

```
async def main():
    w = MyWorkflow(...)
    result = await w.run(...)
    print(result)

if __name__ == "__main__":
    import asyncio

    asyncio.run(main())
```

上述代码展示了如何通过 await 关键字触发对 run 方法的异步调用，并将其包裹在 asyncio.

run 方法中执行。这种方式不仅简化了异步任务的管理,还提高了代码的可读性和维护性。

### 7.2.3　LlamaIndex 工作流功能特性

LlamaIndex 提供了一组丰富的功能特性,旨在帮助开发者设计和构建强大而灵活的工作流。本小节将详细介绍这些功能特性,并提供相应的代码示例以供参考。

1. 全局上下文和状态管理

为了适应不同的场景需求,LlamaIndex 允许在工作流的各个步骤之间共享全局上下文。例如,当多个步骤需要访问用户的原始查询输入时,可以将此信息存储在全局上下文中,确保每个步骤都能方便地获取到必要的数据。

全局上下文是构建具有状态性的工作流所必需的功能特性之一。它使得在不同步骤间传递和维护状态信息变得简单。以下是使用全局上下文的代码示例。

```python
from llama_index.core.workflow import Context

@step
async def query(self, ctx: Context, ev: MyEvent) -> StopEvent:
    # 从全局上下文中获取数据
    query = await ctx.get("query")

    # 根据上下文和事件执行业务逻辑并获取结果
    val = ...
    result = ...

    # 将结果存储到上下文中
    await ctx.set("key", val)

    return StopEvent(result=result)
```

在上述代码中,我们引入 Context 对象作为全局上下文的载体。你可以将任何需要跨步骤共享的状态化数据存放在这个上下文对象中,从而确保这些数据可以在整个工作流的不同阶段之间流转。通过 ctx.get 方法可以从上下文中读取之前存储的数据,而 ctx.set 方法则用于更新或添加新的数据项到上下文中。

2. 事件等待

除了用于保存和传递数据以外,Context 还提供了一种缓冲和等待多个事件的机制,这在某些场景下尤为有用。例如,当一个步骤需要等待其他查询和检索步骤的结果,并基于这些结果构建最终响应时,可以使用以下实现方式。

```python
from llama_index.core import get_response_synthesizer
from llama_index.core.workflow import Context, Workflow, StopEvent, QueryEvent,
    RetrieveEvent
```

```python
class MyWorkflow(Workflow):
    @step
    async def synthesize(
        self, ctx: Context, ev: QueryEvent | RetrieveEvent
    ) -> StopEvent | None:
        # 等待事件全部到达
        data = ctx.collect_events(ev, [QueryEvent, RetrieveEvent])
        if data is None:
            return None

        # 从上下文中获取事件
        query_event, retrieve_event = data

        # 对结果进行整合
        synthesizer = get_response_synthesizer()
        response = synthesizer.synthesize(
            query_event.query, nodes=retrieve_event.nodes
        )

        return StopEvent(result=response)
```

在上述代码中,我们利用了 Context 对象的 collect_events 方法来缓存并等待所有预期的事件。该方法会阻塞直到所有指定类型的事件都到达,并按照请求的顺序返回这些事件的数据。如果未收集到足够的事件,则返回 None。

3. 循环和分支

在一个工作流中,循环和分支是常见的逻辑结构,用于处理需要重复执行的任务或根据条件选择不同路径的情况。以下代码展示了如何在 LlamaIndex 工作流中实现这两种场景。

```python
from llama_index.core.workflow import Workflow, StartEvent, StopEvent, Event
from typing import Union

class FailedEvent(Event):
    error: str

class QueryEvent(Event):
    query: str

class LoopExampleFlow(Workflow):
    @step
    async def answer_query(
        self, ev: StartEvent | QueryEvent
    ) -> FailedEvent | StopEvent:
        # 执行业务逻辑并返回一个 FailedEvent
        return FailedEvent(...)

    @step
    async def improve_query(self, ev: FailedEvent) -> QueryEvent | StopEvent:
        # 执行业务逻辑并返回一个 QueryEvent
        return QueryEvent(...)
```

在上述代码中,answer_query 方法可以接收 StartEvent 或 QueryEvent,并可能发出一个

FailedEvent；而 improve_query 方法接收一个 FailedEvent，并尝试生成一个新的 QueryEvent。这种设计形成了一个潜在的事件循环：当查询失败时，系统会尝试改进查询，然后再次尝试回答改进后的查询。

我们再来看这两个步骤的定义，可以发现它们的返回值是两个事件对象之一，这意味着这些步骤的内容存在分支行为。这种分支行为是根据输入事件或上下文信息执行不同的逻辑路径来实现的。常见的实现方式如下。

```
@step
async def answer_query(
    self, ev: StartEvent | QueryEvent
) -> FailedEvent | StopEvent:
    # 根据输入事件或上下文信息执行分支判断，并返回不同的事件
    if ...:
        return FailedEvent(...)
    else:
        return StopEvent(...)
```

在上述代码中，answer_query 方法会根据特定的条件（如查询处理的结果、上下文中的某些状态等）决定是返回一个表示失败的 FailedEvent，还是返回一个表示成功的 StopEvent。这种基于条件的分支判断是工作流开发过程中非常常见的一种模式。

4. 工作流可视化

为了帮助理解和调试工作流，LlamaIndex 提供了强大的可视化工具。通过在步骤定义中使用 @step 注解，可以轻松实现工作流的可视化。该机制能够绘制出工作流中所有可能的路径，或是最近一次执行的具体路径。具体实现方式如下。

```
from llama_index.utils.workflow import (
    draw_all_possible_flows,
    draw_most_recent_execution,
)

# 绘制所有可能的工作流路径，并保存为 HTML 文件
draw_all_possible_flows(MyWorkflow, filename="myflow_all.html")

# 执行工作流实例
w = MyWorkflow()
await w.run(...)

# 绘制最近一次执行的工作流路径，并保存为 HTML 文件
draw_most_recent_execution(w, filename="myflow_recent.html")
```

图 7-4 展示了工作流的执行过程，对应于前面介绍的"循环和分支"场景中的工作流定义。

图 7-4 不仅展示了 LlamaIndex 内置的 StartEvent 和 StopEvent，而且包含了自定义的 QueryEvent 和 FailedEvent。此外，对于步骤之间存在的循环和分支情况也进行了清晰的展示，使得开发者可以直观地看到工作流的实际执行流程。

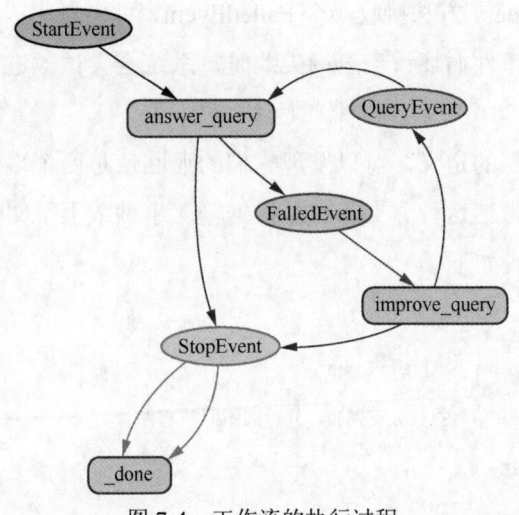

图 7-4　工作流的执行过程

5. 步骤重试

当一个步骤执行失败时，可能会导致整个工作流的中断。然而，对于一些预期内的错误，例如因网络暂时拥堵而引起的 HTTP 请求超时，或是外部 API 调用触发了速率限制等问题，可以采用"重试策略"来有效应对这些步骤失败的情况。重试策略允许工作流在失败后多次尝试执行同一个步骤，并且规定了每次重试前需要等待的时间间隔。

重试策略会考量从第一次失败至今所经过的时间、连续失败的次数，以及最近一次发生的错误类型等因素。为了给特定步骤配置这样的策略，开发者只需要在@step 注解中指定相应的重试策略对象即可。以下是一个代码示例。

```
from llama_index.core.workflow.retry_policy import ConstantDelayRetryPolicy

class MyWorkflow(Workflow):
    @step(retry_policy=ConstantDelayRetryPolicy(delay=5, maximum_attempts=10))
    async def flaky_step(self, ctx: Context, ev: StartEvent) -> StopEvent:
        # 可能触发错误
        result = getResult(...)
        return StopEvent(result=result)
```

在上述代码中，我们为可能引发错误的 getResult 方法应用了一个 ConstantDelayRetryPolicy 重试策略。该策略设定每 5s 进行一次重试，最多尝试 10 次。

### 7.2.4　LlamaIndex 查询管道机制

为了进一步完善 LlamaIndex 的工作流，我们引入了一个新的技术组件——查询管道（QueryPipeline）。在 2.3 节中，我们已经介绍了管道这一概念，它体现了管道-过滤器模式在 RAG

环境中的应用。QueryPipeline 是 LlamaIndex 所提供的一种声明式查询 API，旨在将各个功能模块连接起来，以协调处理不同复杂度的数据工作流。QueryPipeline 常用于组合特定的提示词和 LLM，其实现方式如下。

```
# 定义提示词模板和选择的 LLM
prompt_str = "Please generate related movies to {movie_name}"
prompt_tmpl = PromptTemplate(prompt_str)
llm = OpenAI(model="gpt-4")

# 创建 QueryPipeline
p = QueryPipeline(chain=[prompt_tmpl, llm], verbose=True)

# 运行 QueryPipeline
output = p.run(movie_name="The Departed")
print(str(output))
```

上述代码展示了如何在创建 QueryPipeline 实例时，通过 chain 参数传递一系列包括 PromptTemplate 和 LLM 在内的组件。当 QueryPipeline 执行时，它会根据 PromptTemplate 提供的提示词与指定的 LLM 交互，从而产生预期的输出结果。

上述示例比较简单，接下来我们将展示构建一个完整的 RAG 查询管道的过程，包括查询重写、检索、重新排序和响应合成等步骤，代码示例如下。

```
from llama_index.postprocessor.cohere_rerank import CohereRerank
from llama_index.core.response_synthesizers import TreeSummarize

# 初始化模块组件
prompt_str = "..."
prompt_tmpl = PromptTemplate(prompt_str)
llm = OpenAI(model="gpt-3.5-turbo")
retriever = index.as_retriever(similarity_top_k=3)
reranker = CohereRerank()
summarizer = TreeSummarize(llm=llm)

# 构建查询管道
p = QueryPipeline(verbose=True)
p.add_modules(
    {
        "llm": llm,
        "prompt_tmpl": prompt_tmpl,
        "retriever": retriever,
        "reranker": reranker,
        "summarizer": summarizer
    }
)

# 设置模块之间的连接逻辑
p.add_link("prompt_tmpl", "llm")
p.add_link("llm", "retriever")
p.add_link("retriever", "reranker", dest_key="nodes")
p.add_link("llm", "reranker", dest_key="query_str")
```

```
p.add_link("reranker", "summarizer", dest_key="nodes")
p.add_link("llm", "summarizer", dest_key="query_str")

# 运行查询管道
response = p.run(topic="YC")
print(str(response))
```

在上述代码中，我们定义并集成了多个处理模块到 QueryPipeline，并通过 add_link 方法指定这些模块之间的连接逻辑。这样构造的 QueryPipeline 能够执行一系列复杂的查询任务。QueryPipeline 的工作流程如图 7-5 所示。

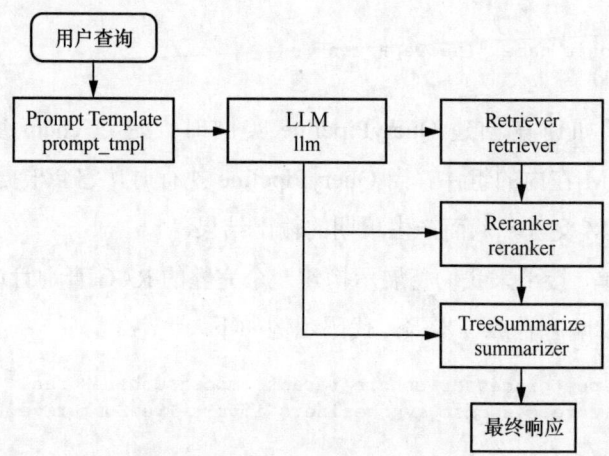

图 7-5　QueryPipeline 的工作流程

在图 7-5 中，包含以下交互步骤。
- prompt_tmpl 向 llm 提供初始查询。
- llm 将查询传递给 retriever、reranker 和 summarizer。
- retriever 的输出被发送至 reranker 进行重新排序。
- reranker 的结果与来自 llm 的查询一起传送到 summarizer 来合成最终的响应。

利用 QueryPipeline，开发者能够在减少样板代码的同时提升工作流表达的效率和代码的可读性，从而针对不同的业务场景设计出功能强大的查询管道。

## 7.3　基于工作流实现自定义 ReActAgent

在本节中，我们将利用 LlamaIndex 的工作流组件来介绍构建一个名为 MyReActAgent 的自定义 ReActAgent 的实现过程。虽然 LlamaIndex 和 LangChain 等框架已经提供了内置的、完整的

ReActAgent 组件，但亲手实现这样一个组件能帮助你更深入地理解 ReActAgent 的基本原理及其执行流程。ReActAgent 通过提示词与 LLM 进行交互，调用 Tool，并最终返回响应。鉴于这一过程具有状态性和记忆性，采用工作流的方式来进行设计和实现是非常合适的。

## 7.3.1 ReAct 工作流设计

在深入探讨 ReAct 工作流的实现细节之前，我们有必要先解析 ReAct 机制，明确其状态信息，并进行事件设计。

1. ReAct 解析

ReAct 代表将推理（Reasoning）和行动（Acting）相融合的一种方法，旨在解决 LLM 在处理复杂任务时所受到的限制。通过结合推理与行动，ReAct 提升了 LLM 的透明度、可解释性及应用的实际效果。ReAct 的核心理念是使 LLM 的语言理解能力与外部世界的互动相结合，创建一个思考与行动的迭代循环。ReAct 由以下要素构成。

- LLM：负责根据输入生成文本输出，可以包含推理步骤。
- 环境：指与之交互的外部系统或世界，包括但不限于数据库、API 或其他服务。
- 行动空间：定义了代理可以在环境中执行的动作集合。

ReAct 特别适用于需要根据上下文动态调整行为的任务导向型对话系统、自动化脚本编写以及机器人控制等领域。更具体地说，ReAct 可以被细分为 3 个关键部分。ReAct 的工作流程如图 7-6 所示。

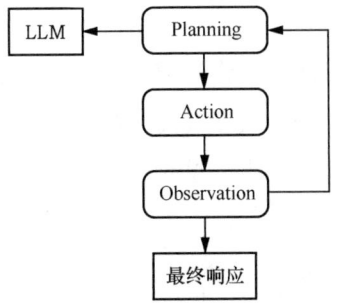

图 7-6　ReAct 的工作流程

- Planning（规划）：基于当前的状态和历史记录，确定下一步应该采取什么行动。
- Action（行动）：根据规划的结果，在环境中执行相应的动作。
- Observation（观测）：对执行动作后的结果进行观察，并将这些反馈信息纳入后续的推理过程中。

基于图 7-6，我们可以用一个实例来具体阐述 ReAct 的应用场景。例如，考虑一家人在元旦期间计划从杭州到昆明旅游，并设定了 1000 元的机票预算。下面是处理这一任务的过程。

（1）Planning：通过思考给出一个初步方案，例如查询从杭州直飞昆明的航班，以确定是否有符合预算的选项。

（2）Action：通过订票网站执行第一步规划中提出的方案，尝试找到满足条件的直飞航班。

（3）Observation：在行动之后，我们观察到的结果是所有直飞航班的价格均超过 1500 元，超出了预算。因此，需要根据新的信息重新规划行程，可能包括选择更经济的转机方案。

本质上，ReAct 模仿了人类解决问题的方式，将这种思维过程转化为提示词以指导 LLM 进行推理和决策，并调用 Tool 完成具体的执行动作，形成一个循环迭代的过程，直到任务完成。为了实现一个基础的 ReAct，我们需要遵循以下步骤。

（1）生成提示词：结合预设的 ReAct 提示词模板（格式：Question→Thought→Action→Observation）与用户的具体问题。

（2）调用 LLM 生成 Thought+Action：将整合后的提示词提交给 LLM，由 LLM 生成相应的 Thought 以及要采取的 Action。

（3）调用外部 Tool 组件完成执行：LLM 将生成的 Action 转化为外部 Tool 可以理解的 API 请求，这通常涉及对 LLM 进行微调以确保自然语言能够准确转换为 API 指令。

（4）生成 Observation：当外部 Tool 完成任务后，其结果会被转化成自然语言形式的 Observation，然后连同之前的 Thought 和 Action 一起反馈给 LLM，以便继续下一轮的思考和行动。

（5）完成输出：当所有必要的 Action 都完成后，系统会将最后一次的 Observation 整理成易于理解的语言并呈现给用户，作为整个交互过程的结论。

以下是一个来自天气查询场景的日志信息示例，展示了 ReAct 在实际应用中的工作方式。

```
Processing task: What is the weather tomorrow?
User Input: What is the weather tomorrow?
Action Taken: Query weather service
Observation: Agent processed the input and decided to: Query weather service
Final Response: Tomorrow's weather is expected to be partly cloudy with a high of 24°C.
```

这段日志显示了系统调用了 weather service 这个外部 Tool 组件，并成功返回了第二天的天气预报。对于更加复杂的情况，ReAct 可能会经历多个内部迭代过程，以逐步逼近最优解。

2. 事件设计

在掌握 ReAct 的执行流程之后，让我们回到工作流的设计。为了从零开始实现一个 ReActAgent，我们可以按照以下步骤进行设计。

（1）处理最新传入的用户消息：将新消息添加到聊天记忆中，以维持对话的上下文。

（2）构建 ReAct 提示：基于当前的聊天历史和可用的 Tool 构造用于与 LLM 交互的提示词。

（3）调用 LLM 并解析 Tool 调用：使用构造好的提示词向 LLM 发起请求，并解析 LLM 返回的结果以确定是否需要调用 Tool。

（4）判断是否存在 Tool 调用：如果 LLM 的响应中不包含 Tool 调用，则直接结束当前的工作流；反之，若存在 Tool 调用，则继续下一步。

（5）循环生成新的 ReAct 提示词：根据最新的 Tool 调用结果，更新提示词并重复上述过程，直到不需要进一步的 Tool 调用为止。

为了处理这些步骤，我们需要在工作流中定义以下事件。

- PrepEvent：负责处理新传入的消息，并准备必要的聊天历史记录。
- InputEvent：用于生成 ReAct 提示词，以便完成与 LLM 的交互。
- ToolCallEvent：用来触发外部 Tool 的调用。
- FunctionOutputEvent：用于处理来自 Tool 调用的结果。

以下是对应的事件定义代码示例。

```
from llama_index.core.llms import ChatMessage
from llama_index.core.tools import ToolSelection, ToolOutput
from llama_index.core.workflow import Event

class PrepEvent(Event):
    pass

class InputEvent(Event):
    input: list[ChatMessage]

class ToolCallEvent(Event):
    tool_calls: list[ToolSelection]

class FunctionOutputEvent(Event):
    output: ToolOutput
```

在上述代码中，我们引入了 ToolSelection 和 ToolOutput 等组件，它们都是与 Tool 调用过程紧密相关的。通过定义这些事件类型，我们为 ReActAgent 的工作流提供了一套清晰的操作指南，确保每个阶段的任务都能够有序地执行。

## 7.3.2 ReAct 工作流实现步骤

在定义事件之后，我们现在可以构建 ReAct 工作流的具体实现步骤。首先要做的是初始化工作流。

1. 初始化工作流

为了启动 MyReActAgent,我们需要明确它所依赖的关键变量和组件。以下是 MyReActAgent 类的初始化方法示例。

```python
from llama_index.core.agent.react import ReActChatFormatter, ReActOutputParser
from llama_index.core.llms.llm import LLM
from llama_index.core.memory import ChatMemoryBuffer
from llama_index.core.tools.types import BaseTool
from typing import Any, List, Optional

class MyReActAgent(Workflow):
    def __init__(
        self,
        *args: Any,
        llm: LLM | None = None,
        tools: list[BaseTool] | None = None,
        extra_context: str | None = None,
        **kwargs: Any,
    ) -> None:
        super().__init__(*args, **kwargs)
        self.tools = tools or []
        self.llm = llm or OpenAI()
        self.memory = ChatMemoryBuffer.from_defaults(llm=llm)
        self.formatter = ReActChatFormatter(context=extra_context or "")
        self.output_parser = ReActOutputParser()
        self.sources = []
```

这里有几个关键的变量需要注意。

- **tools**:这是一个外部 Tool 列表,其中包含了各种定制化的业务逻辑模块,用于增强代理的功能。
- **memory**:ChatMemoryBuffer 是一个聊天记忆组件,它负责维护对话历史记录。关于 LlamaIndex 的聊天记忆机制,我们在 3.3 节中已有详细介绍。
- **formatter**:ReActChatFormatter 是 LlamaIndex 提供的一个类,用于根据上下文生成格式化的 ReAct 提示词。
- **output_parser**:ReActOutputParser 类用于解析 LLM 的输出,将其转换为结构化数据。有关 LlamaIndex 的输出解析器,我们在 4.3 节中有过深入探讨。

一旦明确 MyReActAgent 使用的变量,我们就可以开始讨论如何接收用户请求,并构建聊天记忆,以确保代理能够基于完整的对话历史进行推理和决策。

2. 构建聊天记忆

在实现 ReAct 工作流的过程中,保存系统交互的聊天信息是一个关键环节。我们可以通过以下工作流步骤实现这一目标。

```python
@step
async def new_user_msg(self, ctx: Context, ev: StartEvent) -> PrepEvent:
    self.sources = []

    # 获取用户输入并创建 ChatMessage 对象
    user_input = ev.input
    user_msg = ChatMessage(role="user", content=user_input)

    self.memory.put(user_msg)

    # 初始化当前推理信息为空列表
    await ctx.set("current_reasoning", [])

    return PrepEvent()
```

在这个步骤里,我们接收用户的查询,创建一个 ChatMessage 对象,并将其保存到 ChatMemoryBuffer 中。由于这是工作流的起始步骤,因此我们将当前推理信息 current_reasoning 设置为空列表。

接下来,我们需要根据聊天记忆构建适合 ReAct 的提示词。这一步骤可以直接使用 ReActChatFormatter 组件来完成,具体实现如下。

```python
@step
async def prepare_chat_history(
        self, ctx: Context, ev: PrepEvent
) -> InputEvent:
    # 检索聊天历史信息与当前推理信息
    chat_history = self.memory.get()
    current_reasoning = await ctx.get("current_reasoning", default=[])

    # 使用 formatter 构建 LLM 输入
    llm_input = self.formatter.format(
        self.tools,
        chat_history,
        current_reasoning=current_reasoning
    )

    return InputEvent(input=llm_input)
```

请注意,ReActChatFormatter 组件中 format 方法的定义如下。

```
format(tools: Sequence[BaseTool],
    chat_history: List[ChatMessage],
    current_reasoning: Optional[List[BaseReasoningStep]] = None) -> List[ChatMessage]
```

该方法先接收一组工具组件、聊天消息记录列表及可选的推理步骤信息作为参数,之后生成一个经过格式化的 ChatMessage 列表作为输出。

3. 处理 LLM 交互

接下来是 MyReActAgent 实现中的一个关键步骤:与 LLM 进行交互。在这个阶段,我们将基于第 2 步构建的 ReAct 提示词向 LLM 发起请求,并使用特定的实用函数解析返回的输出。如果在整个过程中没有 Tool 调用需求，我们将终止工作流并发出一个 StopEvent。相反，如果有 Tool 调用需求，则会发出一个 ToolCallEvent 来进行处理。若既没有 Tool 调用，也没有触发停止条件，我们就简单地让流程再次循环。考虑到这一过程较为复杂，我们首先提供以下伪代码说明。

```
@step
async def handle_llm_input(
    self, ctx: Context, ev: InputEvent
) -> ToolCallEvent | StopEvent | PrepEvent:
    根据用户聊天历史信息调用 LLM 以获取响应
    try:
        通过 output_parser 解析响应结果，并更新 current_reasoning

        if 推理已经结束
            发送一个 StopEvent
        elif 需要执行推理动作
            构建并发送 ToolCallEvent

    # 如果没有 Tool 调用需求，或已经是最终响应，则继续迭代
    return PrepEvent()
```

在上述伪代码中，最核心的操作就是根据 LLM 交互的结果决定是否继续执行推理过程。以下是这一逻辑的代码示例。

```
@step
async def handle_llm_input(
    self, ctx: Context, ev: InputEvent
) -> ToolCallEvent | StopEvent | PrepEvent:
    chat_history = ev.input

    response = await self.llm.achat(chat_history)

    try:
        reasoning_step = self.output_parser.parse(response.message.content)
        (await ctx.get("current_reasoning", default=[])).append(
            reasoning_step
        )
        if reasoning_step.is_done:
            self.memory.put(
                ChatMessage(
                    role="assistant", content=reasoning_step.response
                )
            )
            return StopEvent(
                result={
                    "response": reasoning_step.response,
                    "sources": [*self.sources],
                    "reasoning": await ctx.get(
                        "current_reasoning", default=[]
                    ),
                }
```

```python
            elif isinstance(reasoning_step, ActionReasoningStep):
                tool_name = reasoning_step.action
                tool_args = reasoning_step.action_input
                return ToolCallEvent(
                    tool_calls=[
                        ToolSelection(
                            tool_id="fake",
                            tool_name=tool_name,
                            tool_kwargs=tool_args,
                        )
                    ]
                )
        except Exception as e:
            (await ctx.get("current_reasoning", default=[])).append(
                ObservationReasoningStep(
                    observation=f"There was an error in parsing my reasoning: {e}"
                )
            )

        return PrepEvent()
```

请注意，ReActOutputParser 处理后的输出结果可以是 ActionReasoningStep、ObservationReasoningStep 或 ResponseReasoningStep 这 3 种类型之一。这 3 种类型都继承自 BaseReasoningStep，并且各自包含一个标志位 is_done，用于指示推理是否已完成。仅当推理结果为 ActionReasoningStep 时，我们才需要进一步调用 Tool 组件。如果没有 Tool 调用需求，或者已经是最终响应，则通过发送 PrepEvent 来触发工作流的下一个循环，以处理用户的输入。

4. 实现 Tool 调用

如果工作流在第 3 步中发送了一个 ToolCallEvent，我们就需要响应这个事件并完成相应的 Tool 调用。以下是如何实现这一过程的具体代码。

```python
@step
async def handle_tool_calls(
    self, ctx: Context, ev: ToolCallEvent
) -> PrepEvent:
    tool_calls = ev.tool_calls
    tools_by_name = {tool.metadata.get_name(): tool for tool in self.tools}

    # 执行 Tool 调用
    for tool_call in tool_calls:
        tool = tools_by_name.get(tool_call.tool_name)
        if not tool:
            # 如果找不到指定的工具，则记录错误信息
            (await ctx.get("current_reasoning", default=[])).append(
                ObservationReasoningStep(
                    observation=f"Tool {tool_call.tool_name} does not exist"
                )
            )
            continue
```

```python
        try:
            # 调用 Tool 并获取输出结果
            tool_output = tool(**tool_call.tool_kwargs)
            self.sources.append(tool_output)
            (await ctx.get("current_reasoning", default=[])).append(
                ObservationReasoningStep(observation=tool_output.content)
            )
        except Exception as e:
            (await ctx.get("current_reasoning", default=[])).append(
                ObservationReasoningStep(
                    observation=f"Error calling tool {tool.metadata.get_name()}: {e}"
                )
            )

    # 继续迭代
    return PrepEvent()
```

上述代码段实现了对 ToolCallEvent 的处理。它首先根据上下文对象中的 self.tools 属性构建了一个名为 tools_by_name 的字典，以便通过名称快速查找 Tool 组件。对于每个 ToolCallEvent 中的工具调用请求，尝试执行对应的 Tool 组件。如果找不到指定的 Tool 组件或是在调用过程中发生错误，则会创建一个 ObservationReasoningStep 来记录异常信息。成功调用的工具，其输出结果同样会被封装在 ObservationReasoningStep 中，并添加到当前的推理链中。

一旦所有工具调用都已完成，该方法返回一个 PrepEvent，从而触发工作流的下一次迭代。通过这种方式，ReAct 能够持续地处理用户输入和工具交互，形成一个迭代循环的过程。

### 7.3.3 执行效果演示

为了展示 MyReActAgent 的执行流程，我们首先需要定义一系列与业务场景相匹配的 Tool 组件。以一个简单的数学计算为例，我们可以创建两个 Tool 组件，分别用于执行加法和乘法操作。代码示例如下：

```python
from llama_index.core.tools import FunctionTool

def add(x: int, y: int) -> int:
    """Useful function to add two numbers."""
    print("call add tool:" + str(x + y))
    return x + y

def multiply(x: int, y: int) -> int:
    """Useful function to multiply two numbers."""
    print("call multiply tool:" + str(x * y))
    return x * y

tools = [
    FunctionTool.from_defaults(add),
    FunctionTool.from_defaults(multiply),
]
```

在上述代码中,我们使用 LlamaIndex 库的 FunctionTool 类将用户定义的功能转换为 Tool 组件。FunctionTool 提供了一种简便的方法,可以将任何函数转变为可调用的工具,适用于执行各种类型的操作。

有了这两个 Tool 组件后,我们可以构建 MyReActAgent 实例,并通过调用它的 run 方法来执行任务。代码示例如下。

```
agent = MyReActAgent(
    llm=OpenAI(model="gpt-4o-mini"),
    tools=tools, timeout=120,
    verbose=True
)

ret = asyncio.run(agent.run(input="What is (2123 + 2321) * 312?"))
print(ret["response"])
```

上述代码的执行日志如下。

```
Running step new_user_msg
Step new_user_msg produced event PrepEvent
Running step prepare_chat_history
Step prepare_chat_history produced event InputEvent
Running step handle_llm_input
Step handle_llm_input produced event ToolCallEvent
Running step handle_tool_calls
call add tool:4444
Step handle_tool_calls produced event PrepEvent
Running step prepare_chat_history
Step prepare_chat_history produced event InputEvent
Running step handle_llm_input
Step handle_llm_input produced event ToolCallEvent
Running step handle_tool_calls
call multiply tool:1386528
Step handle_tool_calls produced event PrepEvent
Running step prepare_chat_history
Step prepare_chat_history produced event InputEvent
Running step handle_llm_input
Step handle_llm_input produced event StopEvent
The result of (2123 + 2321) * 312 is 1386528.
```

从这些日志信息中,我们可以清楚地追踪到各个阶段发生的事件,以及自定义 Tool 的调用情况。这表明在 ReAct 下,我们可以针对不同的业务需求开发相应的 Tool 组件,并通过事件驱动的方式完成任务处理,以获得预期的结果。

最后,通过调用 draw_all_possible_flows 方法,我们可以生成一个工作流图(见图 7-7)。该图展示了 MyReActAgent 的工作流程,帮助我们更直观地理解其执行机制。这个有向图体现了循环处理的特点,符合对 MyReActAgent 执行逻辑的理解。

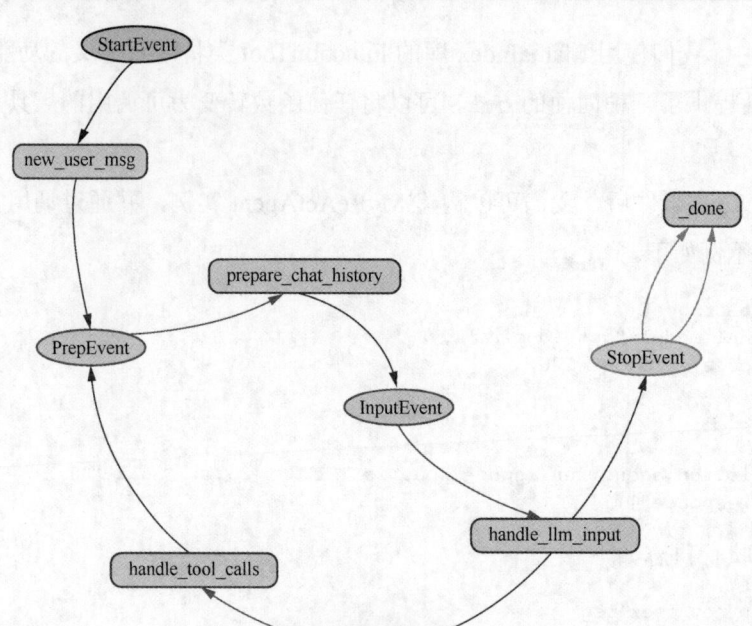

图 7-7  MyReActAgent 的工作流程

## 7.4 基于工作流实现 CRAG

在本节中,我们将介绍一种高级的 RAG——可纠错 RAG(Corrective RAG,简称 CRAG)。通过集成 LlamaIndex 的工作流组件,我们能够构建一种改进型的 RAG 机制。

### 7.4.1 CRAG 基本概念

CRAG 旨在通过优化检索文档的相关性和质量来提高语言模型生成内容的稳健性。它引入了评估器(evaluator)和 Web 搜索(web search),以确保在生成过程中利用的信息更加准确和可靠。CRAG 的核心理念是在传统的 RAG 中加入一个轻量级的检索评估组件,用于评估所检索文档的质量,并根据评估结果触发相应的信息检索行动。

设想有一个文档集合,当我们使用 RAG 对这些文档进行检索时,如果至少有一份文档的相关性评分超过了设定的阈值,那么我们可以依据这些文档继续生成文本。然而,如果所有文档的相关性都未能达到阈值标准,或者评估器未能给出可靠的评估结果,CRAG 将采取进一步措施,例如利用 Web 搜索获取补充性的数据源,以丰富和改善检索结果。这样,CRAG 不仅提高了信息检索的有效性,同时也提高了最终生成内容的质量和可靠性。

基于 CRAG 的设计思想,我们需要理解并把握其以下关键组成部分。

- 一组文档列表，用于从中搜索答案。
- 一个 LLM，用于根据检索到的信息生成答案。
- 一个查询转换器，能够对原始查询进行转换，以执行更加精准的查询操作。
- 一个 Web 搜索器，能够在必要时通过 Web 搜索获取额外的答案信息。
- 一个向量检索器（可选组件），它允许使用嵌入向量来搜索答案，从而提升检索效率和相关性。

在 CRAG 的工作流程中，由于多个步骤之间需要相互协作，我们可以将这一过程抽象为一种工作流机制。为了实现 CRAG，并可视化其工作流的执行过程，LlamaIndex 的 Workflow 组件提供了一种有效的方法。通过定义这些组件及其之间的交互方式，我们不仅能够实现 CRAG 的功能，还能通过生成的工作流执行效果图来更好地理解和优化整个过程。

### 7.4.2 CRAG 实现步骤

基于 CRAG 的工作特性，本小节将探讨其实现步骤。既然 CRAG 的实现过程可以视为一个工作流，那么它自然是状态驱动的，每个状态转换都会生成相应的事件。我们将从定义这些事件出发来设计 CRAG 的实现过程。

1. 定义事件

为了实现 CRAG，我们可以遵循业界通用的一组开发步骤，如图 7-8 所示。

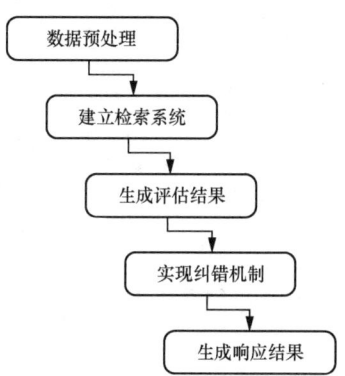

图 7-8　CRAG 通用开发步骤

基于图 7-8 中的步骤，我们可以梳理出以下实现过程。

- 数据提取：该步骤负责将数据加载到索引中，是独立运行的过程，接收 StartEvent 作为开始信号，并以 StopEvent 表示结束。
- 检索：根据用户查询检索最相关的节点。
- 相关性评估：使用 LLM 评估检索到的节点是否与给定的查询相关联。

- 相关性提取：从 LLM 判断为相关的节点中提取信息。
- 查询转换和 Web 搜索：如果节点被认为不相关，则使用 LLM 转换查询，通过 Web 搜索定制检索过程。
- 响应生成：基于相关节点文本和 Web 搜索结果构建摘要索引，并利用此索引获取最终查询结果。

基于上述实现过程，我们可以抽象并定义以下事件。

- PrepEvent：表示索引和其他对象已经准备就绪的事件。
- RetrieveEvent：包含检索到的节点信息的事件。
- RelevanceEvalEvent：包含相关性评估结果列表的事件。
- TextExtractEvent：包含从相关节点中提取的相关性文本的事件。
- QueryEvent：包含用于进一步处理的相关文本和搜索文本的事件。

以下代码展示了这些事件的定义过程。

```python
from llama_index.core.workflow import Event
from llama_index.core.schema import NodeWithScore

class PrepEvent(Event):
    """Prep event (prepares for retrieval)."""

    pass

class RetrieveEvent(Event):
    """Retrieve event (gets retrieved nodes)."""

    retrieved_nodes: list[NodeWithScore]

class RelevanceEvalEvent(Event):
    """Relevance evaluation event (gets results of relevance evaluation)."""

    relevant_results: list[str]

class TextExtractEvent(Event):
    """Text extract event. Extracts relevant text and concatenates."""

    relevant_text: str

class QueryEvent(Event):
    """Query event. Queries given relevant text and search text."""

    relevant_text: str
    search_text: str
```

需要注意的是，在这里我们引入了 NodeWithScore 这种新的节点类型。在 LlamaIndex 中，无论采用何种检索器，返回的结果都是以 NodeWithScore 对象的形式呈现，这是一种结合了节点及其相关性分数的数据结构。这种结构在 RAG 流程中非常有用，因为它允许我们根据节点的相关性对检索结果进行排序,从而提升后续处理步骤的效率。在后续的实现过程中,我们将看到如何具体应用这一机制。

2. 检索准备

我们已经非常熟悉数据提取和检索的过程,现在需要考虑的是如何将这一过程无缝整合到工作流中,并设计出合理的实现步骤。

对于位于特定路径下的数据文件,我们的方法是先使用 SimpleDirectoryReader 进行读取,之后将其传递至工作流的第一个步骤。此步骤的具体实现如下。

```python
@step
async def ingest(self, ctx: Context, ev: StartEvent) -> StopEvent | None:
    """数据提取步骤"""
    documents: list[Document] | None = ev.get("documents")

    if documents is None:
        return None

    index = VectorStoreIndex.from_documents(documents)

    return StopEvent(result=index)
```

在此步骤中,我们将从 StartEvent 中提取一组文档对象,若这些文档存在,则使用 VectorStoreIndex 对其构建索引。如果未提供任何文档,则该函数将返回 None。完成索引构建后,将以 StopEvent 的形式返回结果。

接下来是关键一步:初始化一系列技术组件,以为执行后续的检索操作做好准备。为此,我们设计了一个独立的步骤,用于初始化并将这些组件流转给后续步骤。此步骤被命名为 prepare_for_retrieval,其实现如下。

```python
@step
async def prepare_for_retrieval(
    self, ctx: Context, ev: StartEvent
) -> PrepEvent | None:
    """为检索操作做准备"""

    query_str: str | None = ev.get("query_str")
    retriever_kwargs: dict | None = ev.get("retriever_kwargs", {})

    if query_str is None:
        return None

    tavily_ai_apikey: str | None = ev.get("tavily_ai_apikey")
    index = ev.get("index")

    llm = OpenAI(model="gpt-4")

    # 初始化相关组件并设置到上下文中
    await ctx.set("relevancy_pipeline", QueryPipeline(
```

```
            chain=[DEFAULT_RELEVANCY_PROMPT_TEMPLATE, llm]
        ))
        await ctx.set("transform_query_pipeline", QueryPipeline(
            chain=[DEFAULT_TRANSFORM_QUERY_TEMPLATE, llm]
        ))

        await ctx.set("llm", llm)
        await ctx.set("index", index)
        await ctx.set("tavily_tool", TavilyToolSpec(api_key=tavily_ai_apikey))

        await ctx.set("query_str", query_str)
        await ctx.set("retriever_kwargs", retriever_kwargs)

        return PrepEvent()
```

从结构上看，上述代码并不复杂，主要是利用工作流上下文对象 Context 执行一系列的赋值操作。以下是相关组件的介绍。

- llm：基于 GPT-4 模型构建的 OpenAI 语言模型。
- index：之前步骤中已构建的索引对象。
- tavily_tool：为了实现 Web 搜索功能而准备的外部组件。在本示例中，我们使用 Tavily AI 作为第三方 Web 搜索工具。关于这个组件的更多细节将在后续步骤中详细介绍。
- query_str 和 retriever_kwargs：用户输入的查询字符串及其检索参数。
- relevancy_pipeline：一个专门用于执行相关性评估的 QueryPipeline。
- transform_query_pipeline：一个专门用于优化查询语句的 QueryPipeline。

这里通过 QueryPipeline 组件定义了两个查询管道：一个用于评估文档与查询的相关性；另一个用于优化查询语句，使其更有效地获取搜索结果。每个 QueryPipeline 都需要定义一个 PromptTemplate 并将其与 LLM 绑定在一起，以指导 LLM 的行为。以下是用于执行相关性搜索的 PromptTemplate。

```
DEFAULT_RELEVANCY_PROMPT_TEMPLATE = PromptTemplate(
    template="""As a grader, your task is to evaluate the relevance of a document retrieved in response to a user's question.

    Retrieved Document:
    -------------------
    {context_str}

    User Question:
    --------------
    {query_str}

    Evaluation Criteria:
    - Consider whether the document contains keywords or topics related to the user's question.
    - The evaluation should not be overly stringent; the primary objective is to identify and filter out clearly irrelevant retrievals.
```

```
Decision:
- Assign a binary score to indicate the document's relevance.
- Use 'yes' if the document is relevant to the question, or 'no' if it is not.

Please provide your binary score ('yes' or 'no') below to indicate the document's relevance to the user question."""
)
```

通过这个 PromptTemplate，我们可以获取一个定制化的提示词，该提示词指导 LLM 分配一个二元分数来指示文档的相关性。基于这个分数，LLM 将返回 yes 或 no 的评估结果给下一个步骤，从而决定是否需要执行查询转换操作。

接下来我们看看用于执行转换操作的 PromptTemplate，其定义如下。

```
DEFAULT_TRANSFORM_QUERY_TEMPLATE = PromptTemplate(
    template="""Your task is to refine a query to ensure it is highly effective for retrieving relevant search results. \n
    Analyze the given input to grasp the core semantic intent or meaning. \n
    Original Query:
    \n ------- \n
    {query_str}
    \n ------- \n
    Your goal is to rephrase or enhance this query to improve its search performance. Ensure the revised query is concise and directly aligned with the intended search objective. \n
    Respond with the optimized query only:"""
)
```

当 LLM 返回的答案不符合要求时，此 PromptTemplate 提供的指引将用于对问题进行重写、重新表述或增强查询，以提高其搜索性能。通过这种方式，我们可以确保查询既精确又高效，更好地满足用户的搜索需求。

3. 实现检索和相关性评估

现在，一切准备就绪，接下来进行真正的检索和相关性评估。我们先来探讨检索步骤的实现过程。代码示例如下。

```
@step
async def retrieve(
    self, ctx: Context, ev: PrepEvent
) -> RetrieveEvent | None:
    """基于查询条件检索相关节点"""
    query_str = await ctx.get("query_str")
    retriever_kwargs = await ctx.get("retriever_kwargs")

    if query_str is None:
        return None

    index = await ctx.get("index", default=None)

    retriever: BaseRetriever = index.as_retriever(
        **retriever_kwargs
```

```
        )
        result = retriever.retrieve(query_str)
        await ctx.set("retrieved_nodes", result)
        await ctx.set("query_str", query_str)
        return RetrieveEvent(retrieved_nodes=result)
```

在这个检索步骤中,输入是一个 PrepEvent 对象。关于此段代码,你应该已经相当熟悉:先从上下文对象 ctx 中获取索引和查询字符串 query_str,接着基于索引创建一个检索器对象并执行检索操作。最后,我们构建了一个 RetrieveEvent,将检索结果传递给工作流的下一个步骤。这个步骤就是相关性评估,其实现过程如下。

```
@step
async def eval_relevance(
    self, ctx: Context, ev: RetrieveEvent
) -> RelevanceEvalEvent:
    """评估检索到的文档与查询的相关性"""
    retrieved_nodes = ev.retrieved_nodes
    query_str = await ctx.get("query_str")

    relevancy_results = []
    for node in retrieved_nodes:
        relevancy_pipeline = await ctx.get("relevancy_pipeline")
        relevancy = relevancy_pipeline.run(
            context_str=node.text, query_str=query_str
        )
        relevancy_results.append(relevancy.message.content.lower().strip())

    await ctx.set("relevancy_results", relevancy_results)
    return RelevanceEvalEvent(relevant_results=relevancy_results)
```

上述代码从 RetrieveEvent 中获取上一个步骤生成的检索结果,并通过已初始化的查询管道 relevancy_pipeline 评估这些文档与原始查询的相关性。我们向 run 方法传递节点数据和查询条件以获得评估结果(通常为 yes 或 no 的形式),并构建一个 RelevanceEvalEvent 用于流转。

可以想象,RelevanceEvalEvent 流转至下一个步骤时,需要处理相关性评估的结果。具体实现过程如下。

```
@step
async def extract_relevant_texts(
    self, ctx: Context, ev: RelevanceEvalEvent
) -> TextExtractEvent:
    """从检索到的文档中提取相关文本"""
    retrieved_nodes = await ctx.get("retrieved_nodes")
    relevancy_results = ev.relevant_results

    relevant_texts = [
        retrieved_nodes[i].text
        for i, result in enumerate(relevancy_results)
        if result == "yes"
    ]
```

```
        result = "\n".join(relevant_texts)
        return TextExtractEvent(relevant_text=result)
```

在上述代码中,我们遍历相关性评估结果,并根据评估是否为 yes 来筛选出相关的文本内容。通过这种方式,成功完成了对相关性结果的提取操作,确保只进一步处理那些被认为与查询相关的文本。

4. 实现查询转换和 Web 搜索

为了实现查询转换和 Web 搜索功能,我们已根据用户提供的查询条件获取了初步的检索结果,并从中提取了结构化的评估信息。接下来将依据这些评估信息决定是否需要进行纠错(corrective)操作,这也是 CRAG 概念的核心。

具体来说,我们需要构建一个处理 TextExtractEvent 的分支逻辑。如果评估结果显示上一个步骤提取的内容符合预期,则流程可以顺利进入下一个步骤。反之,若评估结果显示存在不相关或不够准确的信息,我们就需要对原始查询条件进行优化,并通过 Web 搜索增强查询结果。具体实现过程如下。

```
@step
async def transform_query_pipeline(
    self, ctx: Context, ev: TextExtractEvent
) -> QueryEvent:
    relevant_text = ev.relevant_text
    relevancy_results = await ctx.get("relevancy_results")
    query_str = await ctx.get("query_str")

    # 当评估结果显示存在不相关或不够准确的信息时,调整查询字符串以改善搜索效果
    if "no" in relevancy_results:
        qp = await ctx.get("transform_query_pipeline")
        transformed_query_str = (qp.run(query_str=query_str).message.content)

        # 使用优化后的查询字符串执行 Web 搜索并汇总
        tavily_tool = await ctx.get("tavily_tool")
        search_results = tavily_tool.search(
            transformed_query_str, max_results=5
        )
        search_text = "\n".join([result.text for result in search_results])
    else:
        search_text = ""

    return QueryEvent(relevant_text=relevant_text, search_text=search_text)
```

上述代码展示了 transform_query_pipeline 方法的应用,其目的是生成一个更为精准的查询条件。随后,我们从上下文对象中调用 tavily_tool 完成网络搜索任务。Tavily 搜索引擎专为 LLM 和 RAG 应用提供优化支持,它提供的 Tavily Search API 旨在帮助开发者构建高效、快速且持久的搜索解决方案。要运行此段代码,需要先在 Tavily 平台上申请一个 ApiKey。

正如代码示例所示，通过调用 Tavily 的 search 方法即可实现 Web 搜索，进而获得高度相关的文本内容。最后，基于这些搜索结果，我们创建了一个 QueryEvent 实例，用于后续处理。

5. 执行最终查询

最后，我们可以定义一个步骤来执行最终的查询操作，具体代码如下。

```python
@step
async def query_result(self, ctx: Context, ev: QueryEvent) -> StopEvent:
    """获取包含相关文本的结果"""
    relevant_text = ev.relevant_text
    search_text = ev.search_text
    query_str = await ctx.get("query_str")

    # 合并相关文本和搜索文本以构建文档，并创建索引
    documents = [Document(text=relevant_text + "\n" + search_text)]
    index = SummaryIndex.from_documents(documents)

    query_engine = index.as_query_engine()
    result = query_engine.query(query_str)

    return StopEvent(result=result)
```

在上述代码中，我们先接收了一个 QueryEvent，之后将其中的相关文本与通过 Web 搜索得到的文本合并，以此为基础构建了一个文档。接下来，基于该文档创建了索引，并利用这个索引来完成最终的查询操作。

### 7.4.3 执行效果演示

若要获取整个工作流的可视化执行效果，可以使用以下代码。

```python
from llama_index.utils.workflow import draw_all_possible_flows

draw_all_possible_flows(CorrectiveRAGWorkflow, filename="CorrectiveRAGWorkflow.html")
```

执行上述代码后的效果如图 7-9 所示，它展示了从 StartEvent 到 StopEvent 的工作流完整闭环。

为了进一步分析工作流的详细执行过程，可以运行以下代码来模拟查询处理。

```python
async def main():
    documents = SimpleDirectoryReader("./data").load_data()
    workflow = CorrectiveRAGWorkflow()
    index = await workflow.run(documents=documents)

    response = await workflow.run(
        query_str="What is the functionality of latest ChatGPT memory?",
        index=index,
        tavily_ai_apikey=tavily_ai_api_key,
    )
    print(str(response))
```

```python
if __name__ == "__main__":
    import asyncio
    asyncio.run(main())
```

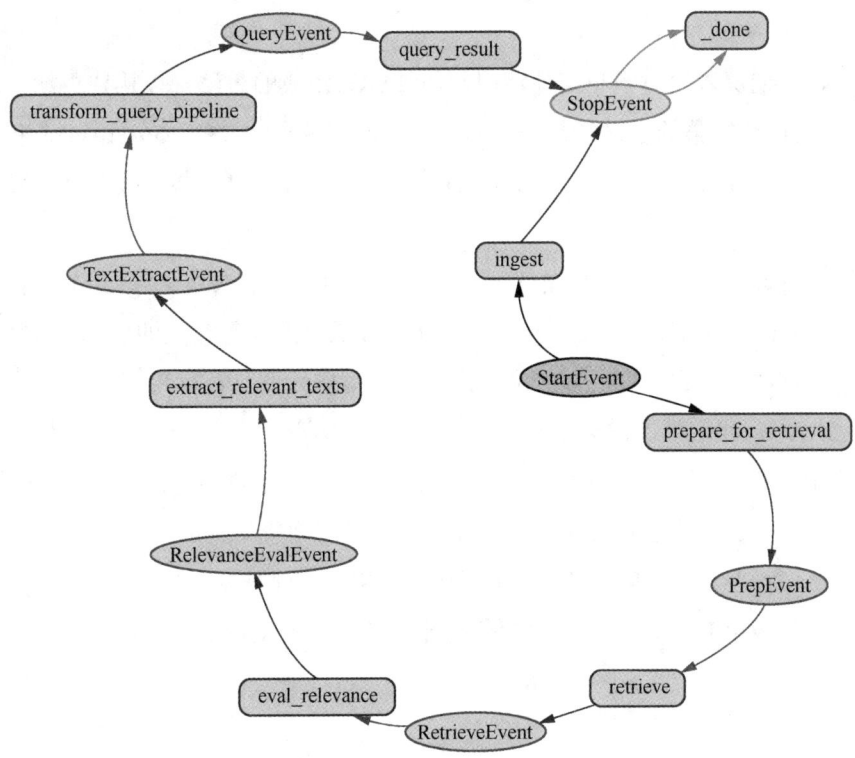

图 7-9　从 StartEvent 到 StopEvent 的工作流完整闭环

在 ./data 目录中包含题为 "Llama 2: Open Foundation and Fine-Tuned Chat Models" 的 PDF 文件。上述代码的执行结果如下。

```
ingest
prepare_for_retrieval
retrieve
eval_relevance
extract_relevant_texts
transform_query_pipeline
perform_tavily_tool
query_result
The latest ChatGPT memory feature allows the AI to remember user preferences and past
interactions, enabling a more personalized and coherent conversation over time. This feature
eliminates the need to constantly restart chats and reintroduce oneself, enhancing productivity
by providing a seamless and customized experience for users.
```

在上述日志中，最后一部分显示了 RAG 流程生成的最终响应，而前面的行则记录了工作流中各步骤的调用情况。其中，可以看到对 perform_web_search 的调用，表明查询转换和 Web 搜索操作已被触发,这证实了 RAG 纠错机制的有效性。

## 本章小结

在本章中,我们深入探讨了将工作流引擎与 RAG 集成的方法,以构建更加灵活和强大的 RAG 应用。通过两个具体的示例场景——基于工作流实现自定义的 ReActAgent 和基于工作流实现 CRAG,我们详细展示了如何利用 LlamaIndex 的工作流组件分析、设计并开发适应特定业务需求的系统。

针对 ReActAgent 示例,我们全面解析了从零开始构建一个 ReActAgent 的过程,涵盖了对 ReAct 框架的理解、事件的设计、工作流的具体实现步骤以及执行效果的展示。这些内容可以帮助读者了解如何创建交互式代理,以响应用户请求并动态地调整其行为。

而对于 CRAG,我们不仅讨论了它的基本概念和实现逻辑,还介绍了它如何通过评估和优化检索文档的相关性来提高语言模型输出的鲁棒性和准确性。CRAG 引入了评估机制和 Web 搜索功能,确保了信息的准确性和可靠性,从而提高了最终生成结果的质量。

通过学习本章内容,开发者能够获得关于如何使用工作流技术来优化 RAG 应用构建过程的深刻理解,并掌握运用 LlamaIndex 工作流组件来搭建复杂 RAG 系统的技能。

# 第 8 章 使用 RAG 构建多 Agent 系统

交互式聊天机器人已经在各行各业成为人工智能的常见解决方案，而 Agent 是实现这些聊天机器人的核心组件之一。它们为聊天机器人提供了诸如记忆、自省能力、工具使用等必要功能。

当我们考虑更复杂的聊天机器人时——那些能够执行数十项相互依赖的任务，并可能利用数百种不同工具的机器人——我们面对的是一个需要精心设计的 Agent 架构。这样的 Agent 不仅拥有庞大的提示词库和众多工具选项，还需要有能力处理复杂性而不致混乱。为了应对这一挑战，行业引入了多 Agent 系统的概念与开发模式。在本章中，我们将共同探讨多 Agent 系统的应用领域和技术框架，并通过以下两个示例系统来学习如何构建多 Agent 系统。

- 多 Agent 文档处理系统。
- 多 Agent 智能客服助手。

LlamaIndex 为开发者提供了一系列内置的技术组件以支持 Agent 的创建，包括之前章节中介绍的 ReActAgent，以及本章将深入探讨的 OpenAIAgent。针对每个示例，我们会进行具体的业务场景分析和设计，同时运用 LlamaIndex 提供的技术组件来完成系统的开发工作。

## 8.1 多 Agent 系统场景分析与设计

现在，让我们考虑一下客服服务系统中的典型业务场景。在电商、医疗、旅游等行业中，智能客服助手是不可或缺的一部分。它提供了一个实时沟通的平台，使得客服人员能够与客户互动并解决问题。实际上，智能客服助手是业务流程、人力资源和技术解决方案三者的有机结合。

为了更好地理解客服服务系统的抽象概念，我们可以从具体的现实场景出发来进行具象化分析。以"在线租车"为例，我们可以探讨如何构建一个智能客服助手来服务于这一特定的业务需求。假设这个智能客服助手具备以下基本功能。

- 验证用户身份。
- 查询预约记录。
- 提交车辆预订申请。

这些任务可以进一步细分为以下更具体的子任务。

- 验证用户身份涉及收集用户名和密码信息。
- 查询预约记录要求用户已经登录。
- 提交车辆预订申请则需要确认用户的账户余额是否充足。

显然，为所有这些任务及子任务创建单一的处理逻辑将是复杂且低效的。因此，采用多 Agent 系统是一个更为合理的选择，其中每个独立的任务由专门的 Agent 负责。此外，我们还会设计一些协调型的 Agent，它们的作用是将用户请求正确地路由到相应的责任 Agent。

对于上述场景，一种有效的实现方式是采用 Mixture of Agent（MoA，混合代理）架构模式。在 LLM 的应用领域，MoA 架构是一种创新的设计方法，通过整合多个 LLM 的优势来提升整体性能。MoA 架构采用了分层结构，每一层包含若干个 LLM Agent。图 8-1 展示了具有两层 Agent 的 MoA 架构。

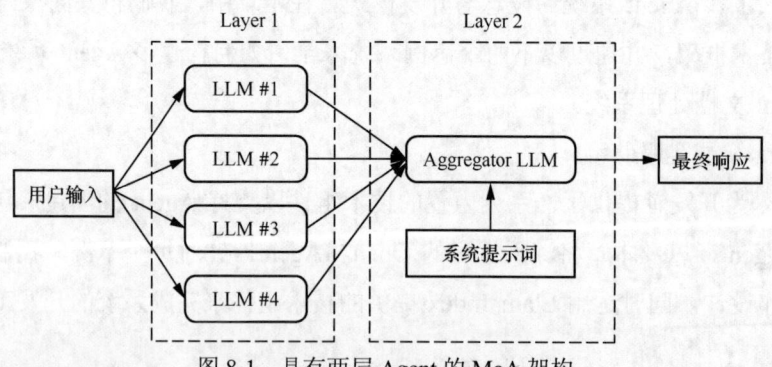

图 8-1　具有两层 Agent 的 MoA 架构

图 8-2 展示了更为具体的 MoA 架构实例，该图共包含 3 层 Agent。第一层和第二层分别采用了 MistralAi 的 OpenMixtral、Anthropic 的 Claude 及阿里巴巴的 Qwen LLM 来实现各个 Agent 的业务逻辑。第三层进一步将 MistralAi 的 OpenMixtral 设计为一个聚合 Agent，以此完成整个工作流程。

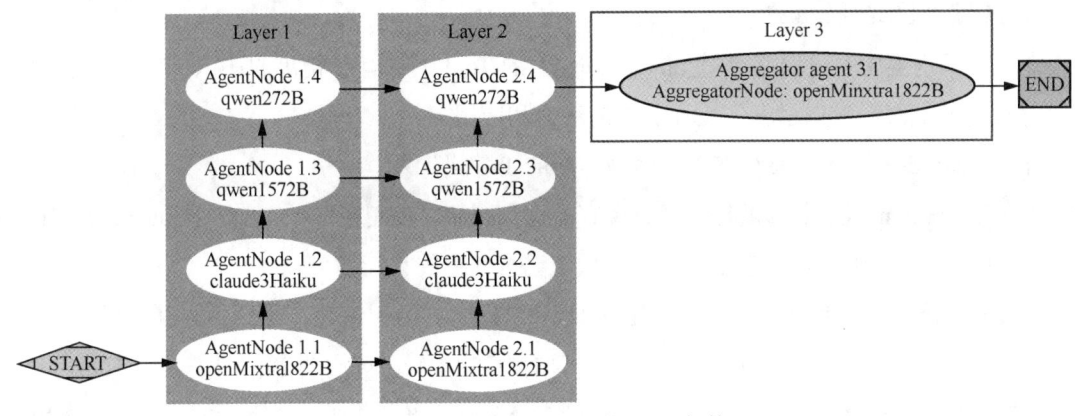

图 8-2 具有 3 层 Agent 的 MoA 架构

在 MoA 架构的设计中，我们通常会规划以下两类主要的 Agent。
- 协调类 Agent：这些可以被视为元 Agent，负责执行聚合与协调任务。
- 任务类 Agent：专注于处理特定的业务逻辑。

在本章的示例讲解中，我们将依据这种设计思路和实现步骤来展示多 Agent 系统的构建方法及其成果。

## 8.2 LlamaIndex Agent 技术详解

在介绍过多 Agent 系统的基本概念之后，现在我们将焦点重新投向 LlamaIndex，探讨该框架为 Agent 设计的方法及技术组件。

### 8.2.1 理解 Agent 机制

在第 7 章中，我们通过 LlamaIndex 的工作流构建了一个 ReActAgent。你应该已经了解到普通聊天模型与 Agent 之间的差异。截至目前，我们讨论的查询引擎和聊天引擎仅限于回答问题，不具备执行功能的能力，或以超出只读模式的方式与后端数据互动。为了应对这些限制，我们需要引入 Agent 的概念。Agent 不同于查询引擎和聊天引擎的关键之处在于它依赖于推理循环（reasoning loop）进行操作，并且能够利用多种 Tool 组件，正如我们在第 7 章中所展示的那样。

与那些只能直接使用 LLM 来响应问题或从知识库中检索特定信息的简单聊天机器人相比，Agent 具备更强的功能性，可以处理更加复杂的情况。这大幅提升了它们在商业环境中的应用价值。随着 AI 增强的人机交互日益普及，本小节将深入探讨 Agent 的核心构成部分——Tool 组件和推理循环。

1. 解析 Tool 组件

在前面的内容中，我们已经对 LlamaIndex 中的 Tool 组件有了初步的认识。现在，我们将进一步解析这些组件，以揭示它们更深层次的潜力和应用。

在 LlamaIndex 中，主要存在以下两种类型的 Tool 组件。

- QueryEngineTool：可以封装任意现有的查询引擎。我们在 2.6 节介绍 RouterQueryEngine 时提及了这种 Tool，它主要用于提供对已有数据的只读访问。
- FunctionTool：允许将任何用户定义的函数转换为 Tool 组件，是一种高度通用的 Tool，因为它支持执行广泛的操作。在第 7 章中构建 ReActAgent 时就使用了此类 Tool。

在本章中，我们将结合这两种 Tool 来构建多 Agent 系统，并通过以下示例回顾其基本用法。QueryEngineTool 的使用示例如下。

```python
from llama_index.core.tools import QueryEngineTool

tool = QueryEngineTool.from_defaults(
    query_engine=query_engine,
    description=f"Contains data about {document_title}",
)
tools.append(tool)
```

FunctionTool 的使用示例如下。

```python
from llama_index.core.tools import FunctionTool

def calculate_average(*values):
    """
    Calculates the average of the provided values.
    """
    return sum(values) / len(values)

average_tool = FunctionTool.from_defaults(fn=calculate_average)
```

为了让 Agent 能够正确地将我们的函数转化为可用的 Tool，每个 Tool 必须包含一段描述性的字符串，正如上述示例所示。LlamaIndex 依赖这些描述性文本，以便 Agent 能够理解每个 Tool 的目的及其正确使用方法。这段描述对于 Agent 的推理循环至关重要，它帮助 Agent 确定哪个 Tool 最适合解决特定任务，从而指导 Agent 选择正确的执行路径。

请注意，一个 Agent 能够处理的 Tool 通常不仅限于一个。为此，LlamaIndex 引入了 ToolSpec 类，它类似于一组 Tool 的集合。ToolSpec 为特定服务定义了一整套 Tool，这好比为我们的 Agent 配备了一组针对特定类型技术的完整 API。

例如，假设我们想要通过第 5 章中介绍的 SQLAlchemy 引擎访问数据库，可以设计一个名为 DatabaseToolSpec 的 ToolSpec，它包含以下 3 个 Tool。

- list_tables：用于列出数据库模式中所有表的 Tool。
- describe_tables：用于描述表结构的 Tool。
- load_data：接收 SQL 查询作为输入并返回结果数据的 Tool。

有了这个 DatabaseToolSpec，Agent 就可以按照有效的方式与数据库进行交互。图 8-3 展示了 DatabaseToolSpec 的交互方式。

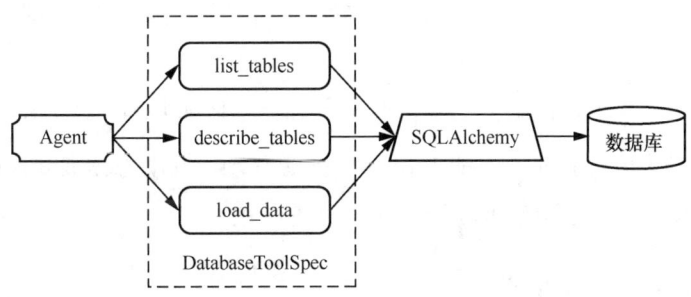

图 8-3　DatabaseToolSpec 的交互方式

这就是 Tool 的重要性所在。在一个 RAG 应用中，Tool 可以封装任何自定义功能，无论是读取或写入数据，调用外部 API，还是执行任意类型的代码。我们可以根据特定的业务场景开发定制化的 Tool 组件集。随之而来的问题是，Agent 会在何时调用这些 Tool 组件？接下来我们将探讨这一问题。

2. 理解推理循环

总体而言，我们构建的 RAG 应用需要能够尽可能自主地决定使用哪个 Tool，这取决于特定的用户查询及其关联的数据集。硬编码的解决方案通常仅能在有限的场景中提供良好的结果。因此，引入推理循环机制变得至关重要。图 8-4 展示了推理循环的工作流程。

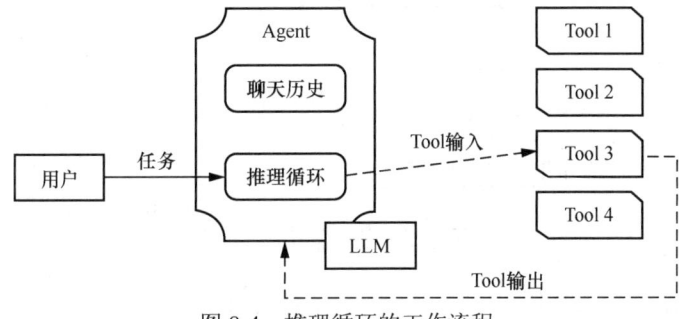

图 8-4　推理循环的工作流程

推理循环是 Agent 的一项基本功能，它确保 Agent 可以智能决策在不同情境下使用哪些 Tool。这一点非常重要，因为在复杂的现实世界应用中，需求可能会显著变化，而硬编码的方法会限制 Agent 的灵活性和有效性。

本质上，推理循环负责整个决策过程。它评估当前上下文，理解任务的具体要求，并从可用的一组 Tool 组件中挑选最适合完成任务的 Tool。这种动态方法使 Agent 能够适应各种不同的场景，从而变得多功能且高效。

在 LlamaIndex 中，推理循环的实现可以根据 Agent 类型进行定制化。例如，本章后续将介绍的 OpenAIAgent 利用函数调用 API 来做出决策，而内置的 ReActAgent 则通过与 LLM 的交互进行推理。

当然，推理循环的作用不仅限于选择正确的 Tool，它还涉及确定这些 Tool 的执行顺序以及调用时的具体参数。这种智能地与各种 Tool 和数据源互动，并动态读取和修改数据的能力，正是使 Agent 区别于简单的查询引擎或聊天引擎的关键所在。

### 8.2.2　LlamaIndex Agent 组件

在掌握 Tool 组件的构建方式及推理循环的基本原理之后，现在我们介绍 LlamaIndex 中提供的 Agent 组件。

#### 1. OpenAIAgent

OpenAIAgent 是专门为利用 OpenAI 模型而设计的 Agent 实现，特别是那些支持函数调用 API 的模型。其主要优势在于，Tool 的选择逻辑是由模型本身直接实现的。当向 OpenAIAgent 提供查询条件和聊天历史信息时，它会分析上下文并决定是否需要调用某个 Tool 或直接返回最终响应。如果确定需要调用一个 Tool，函数调用 API 将输出该 Tool 的名称，OpenAIAgent 接着执行这个 Tool，并将其响应加入聊天历史中。这一过程会不断重复，直到完成推理循环并返回最终消息。图 8-5 展示了 OpenAIAgent 的工作流程。

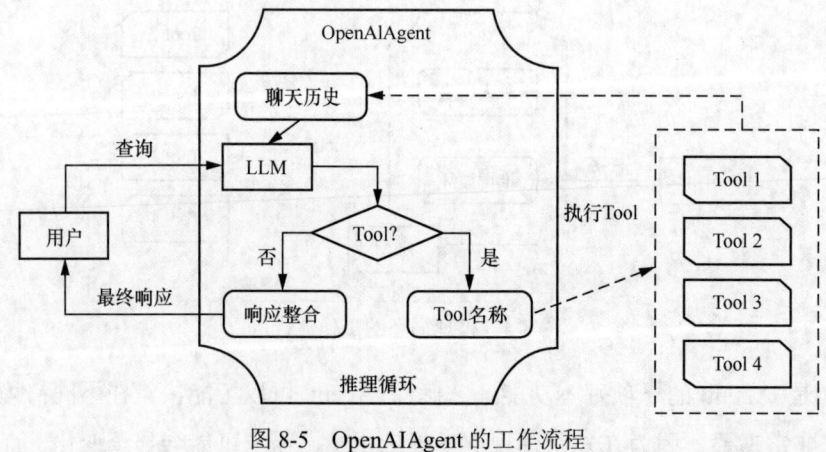

图 8-5　OpenAIAgent 的工作流程

要在 RAG 应用中使用 OpenAIAgent，你需要引入 llama-index-agent-openai 依赖包。为了实现 OpenAIAgent，我们需要定义可用的 Tool，并使用这些组件来初始化 Agent，同时添加任何必要的自定义参数。下面通过一个简单的示例展示如何使用 OpenAIAgent。首先，定义一个 Tool，具体代码如下。

```
from llama_index.core.tools import FunctionTool

def write_text_to_file(text, filename):
    """
    Writes the text to a file with the specified filename.
    Args:
    text (str): The text to be written to the file.
    filename (str): File name to write the text into.
    Returns: None
    """
    with open(filename, 'w') as file:
        file.write(text)

save_tool = FunctionTool.from_defaults(fn=write_text_to_file)
tools = [save_tool]
```

上述代码定义了一个名为 write_text_to_file 的方法，用于将文本写入指定文件名的文件中，然后通过 FunctionTool 创建了一个 Tool 组件。这段代码的作用应该很容易理解：它允许 OpenAIAgent 在需要时调用此方法，以实现将文本保存到文件的功能。

接下来，我们可以使用上述定义的 Tool 初始化一个 OpenAIAgent。以下是常用的 OpenAIAgent 初始化参数。

- tools：Agent 在聊天会话期间可以使用的 Tool 实例列表。这些 Tool 可以来源于专门的查询引擎、自定义处理方法，或是从 ToolSpec 类中提取的 Tool 集合。
- llm：任何支持函数调用 API 的 OpenAI 模型。
- memory：一个 ChatMemoryBuffer 实例，用于存储和管理聊天历史记录。
- prefix_messages：作为聊天会话开始时的预置消息或提示词的 ChatMessage 实例列表。
- max_function_calls：在单次聊天互动中对 OpenAI 模型发起的最大函数调用次数，默认值为 5。
- default_tool_choice：一个字符串，指示在有多个 Tool 可用时默认使用的 Tool。这有助于引导 Agent 优先使用特定的 Tool。
- callback_manager：一个可选的 CallbackManager 实例，用于在聊天过程中管理回调，辅助追踪和调试。
- system_prompt：一个可选的初始系统提示词，为 Agent 提供上下文或指令。

- verbose：一个标志位，用于启用操作期间的详细日志记录。

以下代码展示了基于 Tool 组件创建一个 OpenAIAgent 的实现过程。

```
from llama_index.agent.openai import OpenAIAgent
from llama_index.llms.openai import OpenAI

llm = OpenAI(model="gpt-4")
agent = OpenAIAgent.from_tools(
    tools=tools,
    llm=llm,
    verbose=True,
    max_function_calls=20
)
```

在这段代码中，我们通过一组 Tool 列表初始化了 Agent，并启用了 verbose 参数以显示每个执行步骤，这有助于更清晰地查看推理过程。同时，我们将 max_function_calls 设置为 20，因为对于较为复杂的任务，默认的最大调用次数可能不足以让 Agent 完成任务。值得注意的是，在 OpenAIAgent 执行的每一步中，它都会将 Tool 的输出纳入其持续的推理过程中。我们将在后续的示例系统实现过程中具体分析这一执行效果。

2. ReActAgent

不同于 OpenAIAgent 依赖于 OpenAI 的函数调用能力，ReActAgent 采用了更为通用的交互方式，能够与任何 LLM 集成。它基于构建在一组 Tool 之上的 ReAct 循环进行操作，这个循环涉及决定是否使用某个 Tool，然后调用它并观察其输出，最终确定是重复该过程还是提供最终响应。整个执行过程正如我们在第 7 章中所演示的那样。

这种灵活性使得 ReActAgent 完全依赖于 LLM 的质量。这意味着其性能也严重依赖于 LLM 的表现，通常需要精心设计的提示词以确保准确的知识库查询，而不是依赖模型生成可能不准确的响应。

ReActAgent 的输入提示词经过特别设计，旨在指导模型选择合适的 Tool。它提供了一个可用 Tool 列表，并要求模型从中选择一个来执行。明确的提示词对于 Agent 的决策过程至关重要。当选择某个 Tool 后，Agent 会执行该 Tool 并将响应集成到聊天历史中。这一提示词、执行和响应集成的循环持续进行，直到获得满意的结果。

与通过函数调用 API 链接多个 Tool 的 OpenAIAgent 不同，ReActAgent 的执行逻辑必须完全依赖于其提示词。ReActAgent 使用预定义的循环和最大迭代次数，以及策略性提示词来模拟推理循环。尽管如此，通过策略性的提示工程，ReActAgent 可以实现有效的 Tool 编排和链式执行，类似于 OpenAI 的函数调用 API 的效果。关键在于，OpenAI 的函数调用逻辑嵌入在模型中，而 ReActAgent 则依赖于提示词结构来诱导所需的 Tool 选择行为。这种方法提供了相当的灵活性，因为它可以适应不同的 LLM，允许不同的实现和应用。

当创建 ReActAgent 时，我们可以利用为 OpenAIAgent 定义的一组参数，如 tools、llm、memory 等。此外，ReActAgent 还包含以下特定参数。

- max_iterations：类似于 OpenAIAgent 中的 max_function_calls 参数，设置 ReAct 循环的最大迭代次数。这防止了 Agent 陷入无限处理循环。
- react_chat_formatter：一个 ReActChatFormatter 实例，用于将聊天历史格式化为结构化的 ChatMessages 列表，根据提供的 Tool、聊天历史和推理步骤，在用户和助手角色之间交替，以保持推理循环中的清晰度和一致性。
- output_parser：一个可选的 ReActOutputParser 类实例，用于处理 Agent 生成的输出，帮助解释和适当格式化它们。
- tool_retriever：一个可选的 ObjectRetriever 实例，用于根据某些标准动作获取 Tool，尤其适用于需要处理大量工具的情况。
- context：一个可选的字符串，作为给 Agent 的初始指令。

对比第 7 章中实现的 MyReActAgent，你会发现这里同样使用了 ReActChatFormatter 和 ReActOutputParser 组件。然而，LlamaIndex 内置的 ReActAgent 功能更为全面，也为开发者提供了更多控制推理过程的方法和途径。

初始化和使用 ReActAgent 的方式与 OpenAIAgent 相似，但不需要安装额外的集成包，因为 ReActAgent 是 LlamaIndex 核心组件的一部分。创建 ReActAgent 的方式如下。

```
from llama_index.agent.react import ReActAgent
agent = ReActAgent.from_tools(tools)
```

总的来说，ReActAgent 的最大特色在于它的灵活性，它可以使用任何 LLM 来驱动其独特的 ReAct 循环，使其能够智能地选择和使用各种 Tool。

3. 低阶 Agent 协议 API

到目前为止，我们所介绍的 OpenAIAgent 和 ReActAgent 都是功能强大的 Agent 组件，为开发者提供了即插即用的高阶 API。然而，在本小节的最后，我们将深入探讨这些组件背后的底层实现过程。

LlamaIndex 社区开发了一种更为细粒度的方法来控制 Agent，这被称为低阶 Agent 协议 API。这套 API 提供增强的控制和灵活性，使得用户能够更细致地管理 Agent 的动作，这对于开发复杂度较高的 Agent 系统尤为有用。这一机制主要依赖于两个核心组件——AgentRunner 和 AgentWorker，它们的工作流程如图 8-6 所示。

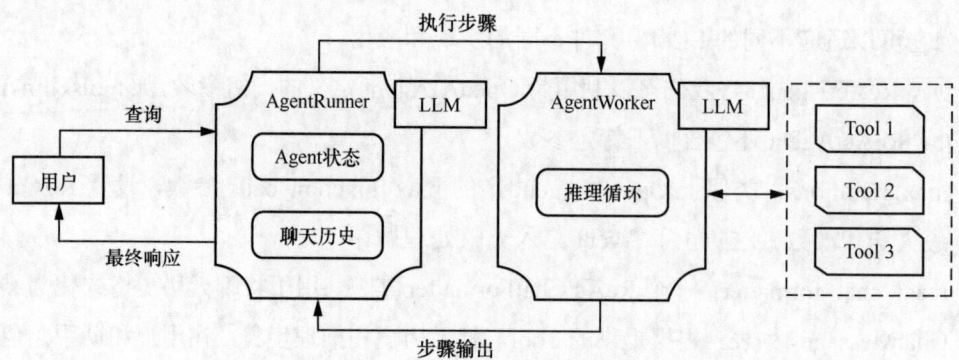

图 8-6　AgentRunner 和 AgentWorker 的工作流程

在图 8-6 中，AgentRunner 负责协调任务和存储聊天历史，而 AgentWorker 则专注于每个任务步骤的执行，并且不保存状态。AgentRunner 管理整个过程并整合最终结果。

以下示例展示了如何使用 AgentRunner 和 OpenAIAgentWorker 以低阶方式实现 OpenAIAgent。

```
from llama_index.core.agent import AgentRunner
from llama_index.agent.openai import OpenAIAgentWorker

# 复用前面构建的 Tool
save_tool = FunctionTool.from_defaults(fn=write_text_to_file)
tools = [save_tool]

# 创建 OpenAIAgentWorker 对象
step_engine = OpenAIAgentWorker.from_tools(
    tools,
    verbose=True
)

# 初始化 AgentRunner
agent = AgentRunner(step_engine)
input = (...)
```

在上述代码中，我们首先基于之前定义的 Tool 组件创建了一个 OpenAIAgentWorker 对象，然后通过这个 Worker 初始化了 AgentRunner，并准备好了包含任务的用户输入。

接下来，我们可以使用 Agent 的 chat 方法执行端到端的交互，以完成任务而不需要在每个推理步骤进行干预。代码示例如下。

```
response = agent.chat(input)
print(response)
```

这种方法非常直接：我们只需要等待 Agent 完成所有任务步骤，并在完成后提供最终响应。

为了获得更细粒度的控制，我们可以利用 AgentRunner 创建任务，并逐个运行所有步骤，然后完成响应。代码示例如下。

```
task = agent.create_task(input)
step_output = agent.run_step(task.task_id)
```

在此,我们为 AgentRunner 创建了一个新的任务并启动了任务的第一步。由于这种方法提供了对每一步执行的手动控制,因此我们需要在代码中实现一个循环,反复调用 run_step 方法,直到所有步骤都已完成。代码示例如下。

```
while not step_output.is_last:
    step_output = agent.run_step(task.task_id)
```

上述循环会持续运行,直到最后一个步骤完成。之后,我们整合并显示最终答案。代码示例如下。

```
response = agent.finalize_response(task.task_id)
print(response)
```

以上实现允许我们单独执行和观察每个推理步骤。create_task 方法初始化一个新任务,run_step 方法执行每一步并返回该步的输出。一旦所有步骤完成,finalize_response 方法将生成最终响应。

低阶 Agent 协议 API 实现了清晰的关注点分离:AgentRunner 负责管理任务的整体协调和聊天历史,而 AgentWorker 专注于执行任务的具体步骤。这种分工不仅增强了系统的可维护性和可扩展性,而且提高了对 Agent 决策过程的可见性和控制力。通过每一步执行时的观察和可能的干预,我们能够对 Agent 的操作有很好的洞察力,这对于调试和完善 Agent 的行为非常有用。

## 8.3 多 Agent 文档处理系统实现

在本节中,我们将设计并实现一个简易的多 Agent 系统,该系统能够针对一组较大规模的文档有效地回答以下 4 类问题。

- 针对某个特定文档的问题。
- 针对不同文档之间的比较问题。
- 针对某个特定文档生成摘要。
- 针对不同文档摘要进行比较。

基于多 Agent 系统的设计理念,我们将创建两种类型的 Agent——任务类 Agent 和协调类 Agent。多 Agent 文档处理系统的整体架构如图 8-7 所示。

在这个架构中,任务类 Agent 负责每个文档的处理。具体来说,每个文档都有一个对应的文档子 Agent,它能够在自己的文档范围内执行问答任务和生成摘要。为了管理这些文档子

Agent，并处理跨越多个文档的问题，我们在它们之上设置了一个顶层的协调类 Agent。这个文档顶层 Agent 通过链式思考来整合来自各个文档 Agent 的信息，以回答复杂的问题或进行文档间的比较。

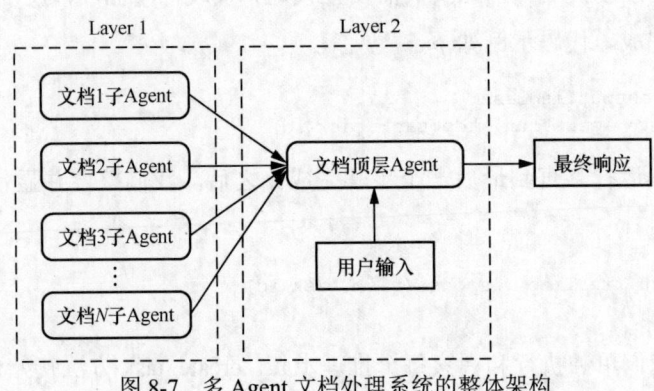

图 8-7  多 Agent 文档处理系统的整体架构

### 8.3.1 实现两层文档处理 Agent

基于图 8-7 所示的架构，我们将着手实现文档子 Agent 和文档顶层 Agent。首先，我们介绍文档子 Agent 的实现。

1. 实现文档子 Agent

为了简化说明 Agent 的实现过程，我们将以一组城市数据为例进行演示，假设这些数据存储在本地文件系统中。我们可以使用 SimpleDirectoryReader 组件将它们加载到我们的应用中。具体代码如下。

```
city_docs = {}
for wiki_title in wiki_titles:
    city_docs[wiki_title] = SimpleDirectoryReader(
        input_files=[f"data/city/{wiki_title}.txt"]
    ).load_data()
```

对于每个文档，我们将执行以下步骤，构建其对应的子 Agent。

（1）将文档转换为节点，并统一存储。

（2）使用 VectorStoreIndex 对文档构建索引，并持久化存储。

（3）构建 SummaryIndex，用于生成摘要。

（4）分别基于 VectorStoreIndex 和 SummaryIndex 创建 QueryEngine。

（5）分别基于上述 QueryEngine 创建 QueryEngineTool。

（6）创建 OpenAIAgent 作为文档的智能代理。

## 8.3 多 Agent 文档处理系统实现

以下是具体的代码示例。

```python
agents = {}
query_engines = {}

for idx, wiki_title in enumerate(wiki_titles):
    nodes = node_parser.get_nodes_from_documents(city_docs[wiki_title])
    all_nodes.extend(nodes)

    if not os.path.exists(f"./data/city/{wiki_title}"):
        # 如果不存在索引，则构建向量索引并保存
        vector_index = VectorStoreIndex(nodes)
        vector_index.storage_context.persist(
            persist_dir=f"./data/city/{wiki_title}"
        )
    else:
        # 否则从已有的存储加载索引
        vector_index = load_index_from_storage(
            StorageContext.from_defaults(persist_dir=f"./data/city/{wiki_title}"),
        )

    # 构建摘要索引
    summary_index = SummaryIndex(nodes)

    # 定义查询引擎
    vector_query_engine = vector_index.as_query_engine(llm=Settings.llm)
    summary_query_engine = summary_index.as_query_engine(llm=Settings.llm)

    # 定义工具元数据
    query_engine_tools = [
        QueryEngineTool(
            query_engine=vector_query_engine,
            metadata=ToolMetadata(
                name="vector_tool",
                description=(
                    "Useful for questions related to specific aspects of"
                    f" {wiki_title} (e.g. the history, arts and culture,"
                    " sports, demographics, or more)."
                ),
            ),
        ),
        QueryEngineTool(
            query_engine=summary_query_engine,
            metadata=ToolMetadata(
                name="summary_tool",
                description=(
                    "Useful for any requests that require a holistic summary"
                    f" of EVERYTHING about {wiki_title}. For questions about"
                    " more specific sections, please use the vector_tool."
                ),
            ),
        ),
    ]

    # 构建 Agent
    function_llm = OpenAI(model="gpt-4")
```

```
        agent = OpenAIAgent.from_tools(
            query_engine_tools,
            llm=function_llm,
            verbose=True,
            system_prompt=f"""\
You are a specialized agent designed to answer queries about {wiki_title}.
You must ALWAYS use at least one of the tools provided when answering a question; do
NOT rely on prior knowledge.\
"""",
        )

        agents[wiki_title] = agent
        query_engines[wiki_title] = vector_index.as_query_engine(
            similarity_top_k=2
        )
```

在上述代码中，我们为每个文档创建了一个子 Agent，它可以动态选择执行语义搜索或摘要操作。这样，我们就完成了文档子 Agent 的构建。接下来，我们将继续探讨如何实现文档顶层 Agent。

2. 实现文档顶层 Agent

接下来，我们将构建一个文档顶层 Agent，它负责协调各个文档子 Agent 以回答用户的任何查询。与文档子 Agent 的实现过程类似，第一步是创建一组 QueryEngineTool。具体代码如下。

```
all_tools = []
for wiki_title in wiki_titles:
    wiki_summary = (
        f"This content contains Wikipedia articles about {wiki_title}. Use"
        f" this tool if you want to answer any questions about {wiki_title}.\n"
    )
    doc_tool = QueryEngineTool(
        query_engine=agents[wiki_title],
        metadata=ToolMetadata(
            name=f"tool_{wiki_title}",
            description=wiki_summary,
        ),
    )
    all_tools.append(doc_tool)
```

在上述代码中，我们针对每个文档创建了一个 QueryEngineTool。值得注意的是，这里的 query_engine 实际上是之前构建的 OpenAIAgent。这里之所以可行，是因为 OpenAIAgent 继承自 BaseQueryEngine 类，它可以作为 QueryEngine 来使用。通过这种方式，文档顶层 Agent 将所有文档子 Agent 作为 Tool 来利用。

现在的问题是，文档顶层 Agent 在执行过程中如何找到合适的 Tool？实际上，这也是一个检索的过程。不同于普通任务类 Agent 直接加载所有 Tool 进行处理，文档顶层 Agent 首先需要确定哪个 Tool 最适合当前的任务。为了实现这一目标，我们可以引入 LlamaIndex 中的一个特殊索引结构——ObjectIndex。

ObjectIndex 类是用于对任意 Python 对象进行索引的一个非常灵活的类，适用于广泛的应用场景。例如，在本示例中，我们可以使用 ObjectIndex 索引 Tool 对象，然后由文档顶层 Agent 使用这些索引过的 Tool 处理查询。

要构建 ObjectIndex，可以使用 from_objects 方法，该方法能够基于一组对象便捷地初始化一个 ObjectIndex。具体代码如下。

```
from llama_index.core.objects import ObjectIndex

obj_index = ObjectIndex.from_objects(
    all_tools,
    index_cls=VectorStoreIndex,
)
```

有了 ObjectIndex 之后，我们可以将其用作检索器以检索 Tool 对象。具体代码如下。

```
tool_retriever=obj_index.as_retriever(similarity_top_k=3),
```

在上述代码中，tool_retriever 是一个 ObjectRetriever 实例，可以根据某些规则动态获取 Tool。当我们需要处理大量 Tool 时，这种方法特别有用。我们已经在介绍 ReActAgent 时提到过 ObjectRetriever 类，而在本示例中，我们将使用它来构建文档顶层 Agent。

下面是构建文档顶层 Agent 的具体实现过程。

```
top_agent = OpenAIAgent.from_tools(
    tool_retriever=obj_index.as_retriever(similarity_top_k=3),
    system_prompt=""" \
        You are an agent designed to answer queries about a set of given cities.
        Please always use the tools provided to answer a question. Do not rely on prior knowledge.\
    """,
    verbose=True,
)
```

至此，我们已经成功构建了一个具有两层架构的多 Agent 系统。

## 8.3.2 执行效果演示

为了展示执行效果，我们从维基百科加载了两座城市的信息——上海和北京。为了进行对比，我们定义了一个基础的 RAG 流程，该流程将所有文档导入单一的 VectorStoreIndex 中。具体代码如下。

```
base_index = VectorStoreIndex(all_nodes)
base_query_engine = base_index.as_query_engine(similarity_top_k=4)

response = base_query_engine.query(
    "告诉我上海和北京在历史和当前经济方面的差异"
)
print(response)
```

运行上述代码，输出结果如下。

上海在历史上是一个重要的商业和工业中心，自古以来就有着繁荣的商贸活动和发达的轻工业。而北京则是中国的政治中心，历史上一直是朝代更迭的中心地带。目前，上海在经济方面更加注重金融、贸易和服务业的发展，拥有世界第四大的证券交易所，是中国的经济、金融和贸易中心之一。相比之下，北京则更侧重于政治、文化和科技领域的发展，是中国的政治中心和文化中心。

接下来，我们执行文档顶层 Agent，以展示其处理复杂查询的能力。具体代码如下。

```
response = top_agent.query(
    "告诉我上海和北京在历史和当前经济方面的差异"
)
print(response)
```

以下执行结果展示了顶层 Agent 协调多个子 Agent 的过程。

```
Added user message to memory: 告诉我上海和北京在历史和当前经济方面的差异
=== Calling Function ===
Calling function: tool_Beijing with args: {"input": "历史和当前经济"}
Added user message to memory: 历史和当前经济
=== Calling Function ===
Calling function: vector_tool with args: {
   "input": "历史和当前经济"
}
Got output: ...
========================

Got output: ...
========================

=== Calling Function ===
Calling function: tool_Shanghai with args: {"input": "历史和当前经济"}
Added user message to memory: 历史和当前经济
=== Calling Function ===
Calling function: vector_tool with args: {
   "input": "历史和当前经济"
}
Got output: ...
========================

Got output: ...
========================
```

在历史和当前经济方面，北京和上海有一些明显的差异。

**北京：**
- 北京的经济近年来持续发展，尤其在房地产和汽车行业。该市的制造业包括汽车、生物制药、光电子和微电子等行业。北京也一直是重要的旅游中心，每年有数百万的国内和国际游客。城市的经济增长导致了区域发展的不平衡，北部和南部之间存在差距。
- 此外，北京的工业部门已经从化工和冶金等传统行业转变为汽车、电子和制药等现代行业，对城市的工业产值贡献显著。

**上海：**
- 上海的经济拥有丰富的历史背景，其商业领域经历了显著的变革。从计划经济向市场经济转变，上海的商业格局已经发生了变化。这座城市一直是轻工业的中心，生产了一系列因其质量和风格而受到认可的产品。

- 此外，自改革开放以来，上海一直是中国重要的工业基地，引领着国家的工业进步。如今，上海在自行车制造、食品生产和日常消费品等行业仍然保持着重要的地位。

我们可以看到，顶层 Agent 首先调用了 tool_Beijing 和 tool_Shanghai 这两个子 Agent，它们分别对应于北京和上海的城市 Agent。然后，每个子 Agent 又进一步调用了自身的 vector_tool 来获取更具体的信息。最终，顶层 Agent 整合了这些信息，生成了一个关于"上海和北京在历史和当前经济方面的差异"的全面回答。

## 8.4 多 Agent 智能客服助手实现

### 8.4.1 业务分析和系统设计

在本小节中，我们将使用多 Agent 技术设计并实现一个更加复杂且具有业务领域特性的智能化系统——智能客服助手。我们在 8.1 节中已经介绍了该系统的业务背景。基于 MoA 架构的设计方法，我们构建了一个多 Agent 系统，其中每个任务都由一个独立的 Agent 负责。具体来说，我们设计了以下几个任务类 Agent。

- 车辆查询 Agent：负责处理与查找车辆信息相关的子任务。
- 认证 Agent：负责验证账户的有效性，例如根据用户名和密码进行身份验证。
- 账户余额 Agent：负责获取用户账户的余额数据，以判断是否可以预约车辆。
- 预约 Agent：负责执行预约申请等子任务。

此外，为了确保多 Agent 系统能够高效协作，我们还设计并实现了以下协调类 Agent。

- 入口 Agent：负责在用户请求首次到达时与用户互动，告知用户可选的任务，并在任务完成后提供反馈。
- 编排 Agent：不直接向用户提供输出。它的职责是检查用户当前尝试完成的任务，并响应相应的处理任务的 Agent 名称。随后，代码会路由到目标 Agent 来执行特定任务。
- 链接 Agent：用于将多个 Agent 连接起来以完成更复杂的任务流程。例如，要获取账户余额首先需要通过认证。认证 Agent 只专注于完成认证过程，而不需要了解后续任务。认证完成后，链接 Agent 会检查聊天历史以确定原始任务，并在不需要用户进一步输入的情况下，向编排 Agent 发送新的请求以继续执行任务。

为了确保整个系统能够正常运作，我们需要创建一个全局状态来跟踪用户输入及维护当前任务的状态。这个全局状态将在所有 Agent 之间共享，以保证信息的一致性和连续性。

基于上述设计思想和方法,我们可以得到图 8-8 所示的智能客服助手的工作流程。

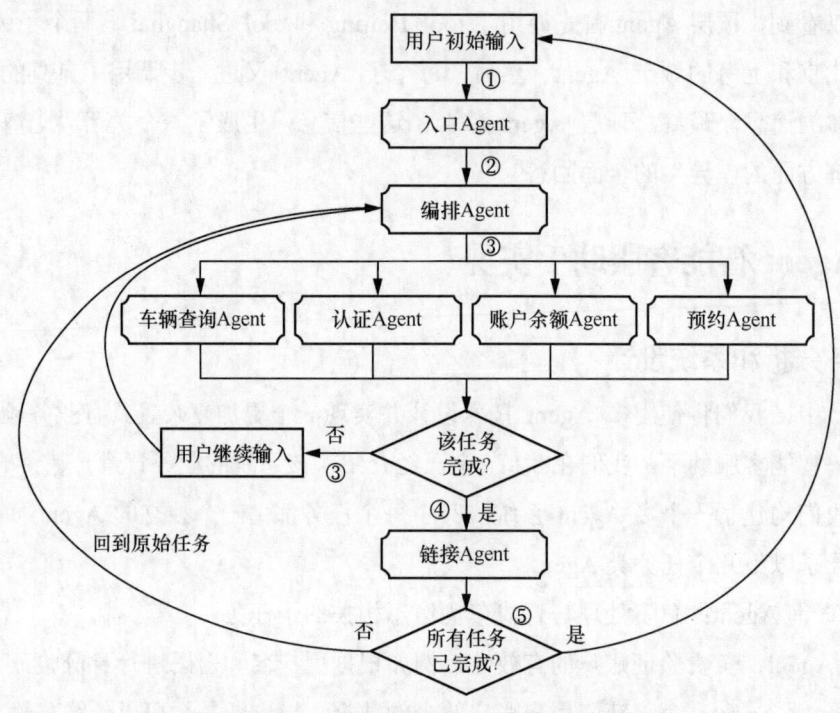

图 8-8　智能客服助手的工作流程

在图 8-8 中,智能客服助手的执行步骤如下。

(1)当用户向智能客服助手发送请求时,首先响应的是入口 Agent。入口 Agent 负责与用户进行初步互动,理解用户的请求,并告知用户当前可用的任务选项。

(2)入口 Agent 将用户的请求转发给编排 Agent。编排 Agent 作为任务调度的核心,负责识别用户的需求并分配相应的任务。

(3)编排 Agent 会调用各个任务类 Agent(如车辆查询 Agent、认证 Agent、账户余额 Agent 或预约 Agent)来完成具体的某个任务。每个任务类 Agent 专注于其特定职责,确保任务能够高效准确地完成。

(4)如果任务类 Agent 完成了当前任务,则通知编排 Agent 以获取用户的进一步输入;若任务未完成,则由链接 Agent 介入,协调执行新的任务。链接 Agent 确保任务之间的平滑过渡,尤其是在需要连续执行多个任务的情况下。

(5)一旦所有任务都已完成,编排 Agent 将汇总结果,并通过入口 Agent 直接将最终结果反馈给用户,从而结束整个流程。如果还有未完成的任务,则返回到编排 Agent 继续执行原始任务直至全部完成。

显然，在这个过程中，我们应该重点关注入口 Agent、编排 Agent 和链接 Agent 所起的推理和协调作用。这些 Agent 确保了系统的逻辑连贯性和任务处理的有效性。对于各个任务类 Agent，只需要合理设计符合自身任务的业务逻辑即可。此外，根据实际需求，我们可以在图 8-8 的基础上添加更多的任务，而不需要对现有的架构做出任何改变，这体现了该设计的高度灵活性和可扩展性。

## 8.4.2 实现协调类 Agent

在本小节中，我们将设计并实现智能客服助手中的协调类 Agent，包括入口 Agent、编排 Agent 和链接 Agent。但在此之前，我们首先需要完成系统全局状态的设计和初始化。

1. 全局状态设计和初始化

对于客服服务场景，我们需要考虑在系统运行过程中维护以下几类状态数据。

- 用户状态数据：如当前用户名、账户 ID、成功登录后的 Token 等。
- 账户余额信息：如用户账户的余额等。
- 系统状态数据：如当前正在处理的 Agent 名称、任务是否完成的标志位等。

针对这些状态数据，我们可以使用一个字典来保存，并定义一个函数用于初始化全局状态。具体代码如下。

```python
def get_initial_state() -> dict:
    return {
        "username": None,
        "session_token": None,
        "account_id": None,
        "account_balance": None,
        "current_speaker": None,
        "just_finished": False,
    }
```

为了便于在运行过程中随时获取目标 Agent 的名称，我们可以为系统中涉及的各个 Agent 设计一个枚举值。具体代码如下。

```python
class Speaker(str, Enum):
    CAR_LOOKUP = "car_lookup"
    AUTHENTICATE = "authenticate"
    ACCOUNT_BALANCE = "account_balance"
    BOOK_CAR = "book_car"
    CONCIERGE = "concierge"
    ORCHESTRATOR = "orchestrator"
```

在多 Agent 系统中，聊天记忆功能是不可或缺的一部分，它用来保存当前的聊天记录。这有助于确保 Agent 能够在交互过程中基于完整的聊天对话历史信息进行推理。我们可以通过初始化一个 ChatMemoryBuffer 来实现这一功能。具体代码如下。

```
root_memory = ChatMemoryBuffer.from_defaults(token_limit=8000)
```

请注意，当前的聊天记录应随着不同 Agent 之间的交互持续更新，以确保多 Agent 系统能够基于足够的聊天对话历史信息进行有效的推理和决策。

2. 实现入口 Agent

我们来看第一个协调类 Agent——入口 Agent 的实现过程。具体代码如下。

```
def concierge_agent(state: dict) -> OpenAIAgent:

    def dummy_tool() -> bool:
        """A tool that does nothing."""
        print("Doing nothing.")

    tools = [
        FunctionTool.from_defaults(fn=dummy_tool)
    ]

    system_prompt = (f"""
        You are a helpful assistant that is helping a user book a car.
        Your job is to ask the user questions to figure out what they want to do, and give them the available things they can do.
        That includes
        * looking up a car
        * authenticating the user
        * checking an account balance (requires authentication first)
        * book a car(requires authentication and checking an account balance first)

        The current state of the user is:
        {pprint.pformat(state, indent=4)}
    """)

    return OpenAIAgent.from_tools(
        tools,
        llm=OpenAI(model="gpt-4o"),
        system_prompt=system_prompt,
    )
```

可以看到，入口 Agent 的实现过程非常直观。在其系统提示词中，我们明确了智能客服助手的角色定位及其功能特性。当系统运行时，将首先展示入口 Agent 给出的提示信息，用户可以根据这些提示选择要执行的操作。

3. 实现编排 Agent

编排 Agent 拥有一个非常严格的系统提示词，该提示词包含了 Agent 之间依赖关系的自然语言摘要。编排 Agent 的主要任务是根据用户的当前状态和请求来决定下一个应该执行的 Agent，并输出相应的 Agent 名称以跳转执行流程。以下是编排 Agent 的系统提示词。

## 8.4 多 Agent 智能客服助手实现

```
system_prompt = (f"""
    You are on orchestration agent.
    Your job is to decide which agent to run based on the current state of the user and what they've asked to do. Agents are identified by short strings.
    What you do is return the name of the agent to run next. You do not do anything else.

    The current state of the user is:
    {pprint.pformat(state, indent=4)}

    If a current_speaker is already selected in the state, simply output that value.

    If there is no current_speaker value, look at the chat history and the current state and you MUST return one of these strings identifying an agent to run:
    * "{Speaker.CAR_LOOKUP.value}" - if they user wants to look up a car info (does not require authentication)
    * "{Speaker.AUTHENTICATE.value}" - if the user needs to authenticate
    * "{Speaker.ACCOUNT_BALANCE.value}" - if the user wants to look up an account balance
        * If they want to look up an account balance, but they haven't authenticated yet, return "{Speaker.AUTHENTICATE.value}" instead
    * "{Speaker.BOOK_CAR.value}" - if the user wants to book a car (requires authentication and checking an account balance first)
        * If they want to book a car, but is_authenticated returns false, return "{Speaker.AUTHENTICATE.value}" instead
        * If they want to book a car, but has_balance returns false, return "{Speaker.ACCOUNT_BALANCE.value}" instead
    * "{Speaker.CONCIERGE.value}" - if the user wants to do something else, or hasn't said what they want to do, or you can't figure out what they want to do. Choose this by default.

    Output one of these strings and ONLY these strings, without quotes.
    NEVER respond with anything other than one of the above five strings. DO NOT be helpful or conversational.
    """)
```

可以看出,编排 Agent 的提示词实际上相当于一种状态机描述,系统会根据用户不同的操作需求选择合适的 Agent。如果当前没有用于响应用户请求的 Agent,那么编排 Agent 将根据当前的系统状态强制指定一个 Agent。

在编排 Agent 中,我们还需要使用到一些关键状态信息,如用户是否已认证、账户是否有余额等,因此我们也设计了对应的工具组件。以下是编排 Agent 的具体实现过程。

```
def orchestration_agent(state: dict) -> OpenAIAgent:

    def has_balance() -> bool:
        """Useful for checking if an account has a balance."""
        print("Orchestrator checking if account has a balance")
        return (state["account_balance"] is not None)

    def is_authenticated() -> bool:
        """Checks if the user has a session token."""
        print("Orchestrator is checking if authenticated")
```

```
        return (state["session_token"] is not None)

    tools = [
        FunctionTool.from_defaults(fn=has_balance),
        FunctionTool.from_defaults(fn=is_authenticated),
    ]

    system_prompt = ...
    return OpenAIAgent.from_tools(
        tools,
        llm=OpenAI(model="gpt-4o",temperature=0.4),
        system_prompt=system_prompt,
    )
```

显然，账户是否有余额以及用户是否已认证等信息是用来帮助选择合适的任务类 Agent 的关键因素。通过这种方式，编排 Agent 能够准确地指导系统的执行流程，确保每个用户请求都能得到恰当的处理。

4. 实现链接 Agent

链接 Agent 本身并不包含任何具体的业务逻辑，它的主要职责是判断下一步操作是否还需要其他 Agent 的参与，并据此协调整个交互流程。以下是链接 Agent 的具体实现过程。

```
def continuation_agent(state: dict) -> OpenAIAgent:

    def dummy_tool() -> bool:
        """A tool that does nothing."""
        print("Doing nothing.")

    tools = [
        FunctionTool.from_defaults(fn=dummy_tool)
    ]

    system_prompt = (f"""
        The current state of the user is:
        {pprint.pformat(state, indent=4)}
    """)

    return OpenAIAgent.from_tools(
        tools,
        llm=OpenAI(model="gpt-4o",temperature=0.4),
        system_prompt=system_prompt,
    )
```

可以看到，链接 Agent 的作用在于评估当前的系统状态，并基于此决定是否需要调用其他 Agent 来继续处理。

5. 整合协调流程

智能客服助手的核心是一个持续运行的中央循环。在这个循环中，我们需要通过询问编排 Agent 来确定接下来哪个 Agent 应该发言，并将这个值设置为 next_speaker，该值包含在状态对象中并在所有 Agent 之间传递。以下是具体实现过程。

```
if (state["current_speaker"]):
        print(f"There's already a speaker: {state['current_speaker']}")
        next_speaker = state["current_speaker"]
else:
        print("No current speaker, asking orchestration agent to decide")
        orchestration_response = orchestration_agent_factory(state).chat(user_msg_str,
chat_history=current_history)
        next_speaker = str(orchestration_response).strip()
```

上述步骤通过调用编排 Agent 中定义的提示词来获取目标 Agent 的名称。一旦确定 next_speaker，我们就可以通过一组条件语句来确定目标 Agent，并将其设置在全局状态中。以下是具体实现过程。

```
if next_speaker == Speaker.CAR_LOOKUP:
     print("Car lookup agent selected")
     current_speaker = car_lookup_agent(state)
     state["current_speaker"] = next_speaker
 elif next_speaker == Speaker.AUTHENTICATE:
     print("Auth agent selected")
     current_speaker = auth_agent(state)
     state["current_speaker"] = next_speaker
 elif next_speaker == Speaker.ACCOUNT_BALANCE:
     print("Account balance agent selected")
     current_speaker = account_balance_agent(state)
     state["current_speaker"] = next_speaker
 elif next_speaker == Speaker.BOOK_CAR:
     print("Book car agent selected")
     current_speaker = book_car_agent(state)
     state["current_speaker"] = next_speaker
 elif next_speaker == Speaker.CONCIERGE:
     print("Concierge agent selected")
     current_speaker = concierge_agent(state)
 else:
     print("Orchestration agent failed to return a valid speaker; ask it to try
again")
     is_retry = True
     continue
```

在智能客服助手中，完整的聊天对话历史信息将被传递给新实例化的任务类 Agent 对象。该任务类 Agent 对象通过 chat 方法触发对 Tool 组件的调用，并最终更新聊天记录。以下是具体实现过程。

```
response = current_speaker.chat(user_msg_str, chat_history=current_history)

# 更新聊天历史
new_history = current_speaker.memory.get_all()
root_memory.set(new_history)
```

任务类 Agent 会读取其提示词和用户输入来决定下一步的动作。这个过程将持续进行，直到该 Agent 完成任务。此时，其提示词会指示它调用 done 方法。在这个 done 方法中，我们会同时更新 current_speaker 状态值为 None 以及 just_finished 标志位为 True，具体代码如下。

```
def done() -> None:
    """When you complete your task, call this tool."""
    print("Car book is complete")
    state["current_speaker"] = None
    state["just_finished"] = True
```

上述 done 方法会出现在每一个任务类 Agent 中，并会在后续介绍任务类 Agent 时再次强调这一点。

请注意，全局状态的更新会触发外层循环运行链接 Agent，以检查是否还有其他任务需要执行。以下是具体实现过程。

```
if first_run:
    # 如果是第一次运行，则启动对话
    user_msg_str = "Hello"
    first_run = False
elif is_retry == True:
    user_msg_str = "That's not right, try again. Pick one agent."
    is_retry = False
elif state["just_finished"] == True:
    print("Asking the continuation agent to decide what to do next")
    user_msg_str = str(continuation_agent(state).chat("""
        Look at the chat history to date and figure out what the user was
originally trying to do.
        They might have had to do some sub-tasks to complete that task, but
what we want is the original thing they started out trying to do.
        Formulate a sentence as if written by the user that asks to continue that
task.
        If it seems like the user really completed their task, output
"no_further_task" only.
    """, chat_history=current_history))
    print(f"Continuation agent said {user_msg_str}")
    if user_msg_str == "no_further_task":
        user_msg_str = input(">> ").strip()
    state["just_finished"] = False
else:
    # 其他情况下，获取用户输入
    user_msg_str = input("> ").strip()
```

可以看到，链接 Agent 的提示词指示它以用户请求执行任务的形式进行回复，或者如果没有更多事情要做就直接输出 no_further_task 这个硬编码字符串。如果没有进一步的任务，循环会暂停以等待用户的进一步输入。如果有新任务，链接 Agent 的输出就会成为编排 Agent 的输入，编排 Agent 会选择一个新的目标 Agent。这就回到了前面已经介绍的如何确定 next_speaker 的实现过程。

完整版本的中央循环实现代码如下。

```
def run() -> None:
    state = get_initial_state()
```

```python
        root_memory = ChatMemoryBuffer.from_defaults(token_limit=8000)

        first_run = True
        is_retry = False

        while True:
            if first_run:
                # 如果是第一次运行,则启动对话
                user_msg_str = "Hello"
                first_run = False
            elif is_retry == True:
                user_msg_str = "That's not right, try again. Pick one agent."
                is_retry = False
            elif state["just_finished"] == True:
                print("Asking the continuation agent to decide what to do next")
                user_msg_str = str(continuation_agent(state).chat("""
                    Look at the chat history to date and figure out what the user was originally trying to do.
                    They might have had to do some sub-tasks to complete that task, but what we want is the original thing they started out trying to do.
                    Formulate a sentence as if written by the user that asks to continue that task.
                    If it seems like the user really completed their task, output "no_further_task" only.
                """, chat_history=current_history))
                print(f"Continuation agent said {user_msg_str}")
                if user_msg_str == "no_further_task":
                    user_msg_str = input(">> ").strip()
                state["just_finished"] = False
            else:
                # 其他情况下,获取用户输入
                user_msg_str = input("> ").strip()

            current_history = root_memory.get()

            # 确定下一个发言者
            if (state["current_speaker"]):
                print(f"There's already a speaker: {state['current_speaker']}")
                next_speaker = state["current_speaker"]
            else:
                print("No current speaker, asking orchestration agent to decide")
                orchestration_response = orchestration_agent(state).chat(user_msg_str,
                    chat_history=current_history)
                next_speaker = str(orchestration_response).strip()

            print(f"Next speaker: {next_speaker}")
            # 根据 next_speaker 选择并初始化相应的 Agent
            if next_speaker == Speaker.CAR_LOOKUP:
                print("Car lookup agent selected")
                current_speaker = car_lookup_agent(state)
                state["current_speaker"] = next_speaker
            elif next_speaker == Speaker.AUTHENTICATE:
                print("Auth agent selected")
                current_speaker = auth_agent(state)
                state["current_speaker"] = next_speaker
            elif next_speaker == Speaker.ACCOUNT_BALANCE:
```

```python
            print("Account balance agent selected")
            current_speaker = account_balance_agent(state)
            state["current_speaker"] = next_speaker
        elif next_speaker == Speaker.BOOK_CAR:
            print("Book car agent selected")
            current_speaker = book_car_agent(state)
            state["current_speaker"] = next_speaker
        elif next_speaker == Speaker.CONCIERGE:
            print("Concierge agent selected")
            current_speaker = concierge_agent(state)
        else:
            print("Orchestration agent failed to return a valid speaker; ask it to try again")
            is_retry = True
            continue

        pretty_state = pprint.pformat(state, indent=4)
        print(f"State: {pretty_state}")

        # 与当前发言者进行对话
        response = current_speaker.chat(user_msg_str, chat_history=current_history)
        print(Fore.MAGENTA + str(response) + Style.RESET_ALL)

        # 更新聊天历史
        new_history = current_speaker.memory.get_all()
        root_memory.set(new_history)
```

虽然这段代码有些长，但核心部分已经在前面的内容中分别进行了介绍。这里要明确的一点是，协调类 Agent 之间的工作流程本质上应该是与具体的任务类 Agent 无关的。这也是我们在任务类 Agent 之前先介绍协调类 Agent 的原因。从架构设计上讲，协调类 Agent 和任务类 Agent 之间应该相互解耦，保持高度的独立性。这对于系统功能的扩展非常重要，也是我们设计和实现多 Agent 系统的基本原则。

### 8.4.3 实现任务类 Agent

现在，我们已经构建了一个完整的多 Agent 系统的运行框架，下一步是根据具体的业务场景实现各个任务类 Agent。我们将从最简单的车辆查询 Agent 开始介绍。

1. 实现车辆查询 Agent

车辆查询 Agent 的作用是根据用户输入的车辆编号获取对应的车辆详情。以下是具体实现过程。

```python
def car_lookup_agent(state: dict) -> OpenAIAgent:

    def lookup_car_info(car_number: str) -> str:
        """Useful for looking up a car info."""
        print(f"Looking up a car info for {car_number}")
        return f"Car {car_number} is a black Audi"
```

```python
    def done() -> None:
        """When you have returned a car info, call this tool."""
        print("car lookup is complete")
        state["current_speaker"] = None
        state["just_finished"] = True

    tools = [
        FunctionTool.from_defaults(fn=lookup_car_info),
        FunctionTool.from_defaults(fn=done),
    ]

    system_prompt = (f"""
        You are a helpful assistant that is looking up car info.
        The user may not know the car they're interested in,
        so you can help them look it up by the number of the car.
        You can only look up car info given to you by the search_for_car_info tool, don't make them up. Trust the output of the search_for_car_info tool even if it doesn't make sense to you.
        The current user state is:
        {pprint.pformat(state, indent=4)}
        Once you have supplied a car info, you must call the tool "done" to signal that you are done.
        If the user asks to do anything other than look up a car info, call the tool "done" to signal some other agent should help.
        """)

    return OpenAIAgent.from_tools(
        tools,
        llm=OpenAI(model="gpt-4o"),
        system_prompt=system_prompt,
    )
```

在上述代码中，除了 done 这个每个任务类 Agent 都具备的 Tool 以外，我们还提供了 lookup_car_info Tool 来执行车辆查询操作。该 Tool 接收一个车辆编号作为输入，并返回相应的车辆信息。为了简化示例，这里返回的是硬编码的车辆信息。在现实中，你应该从关系型数据库或其他持久化的数据存储中获取对应的信息。

车辆查询 Agent 的系统提示词明确了调用 lookup_car_info 和 done 这两个 Tool 的时机和条件。这是每个任务类 Agent 的系统提示词中都应该包含的内容，即根据该 Agent 的业务逻辑触发相关 Tool 的顺利执行。

值得注意的是，由于车辆查询 Agent 的执行不需要用户处于认证状态，因此在这个实现中没有包括对用户认证状态的验证逻辑。车辆查询 Agent 是所有任务类 Agent 中最简单的一个，也是唯一一个可以独立运行的 Agent，它展示了如何创建一个专注于特定任务的 Agent，并确保其能够与其他 Agent 无缝协作。

2. 实现认证 Agent

接下来我们要介绍的是认证 Agent，该 Agent 负责验证用户当前的认证状态，并完成模拟的用户认证操作。以下是具体实现过程。

```python
def auth_agent(state: dict) -> OpenAIAgent:

    def store_username(username: str) -> None:
        """Adds the username to the user state."""
        print("Recording username")
        state["username"] = username

    def login(password: str) -> None:
        """Given a password, logs in and stores a session token in the user state."""
        print(f"Logging in {state['username']}")
        # 这里可以访问数据库以执行用户认证
        session_token = "session_token_001"
        state["session_token"] = session_token

    def is_authenticated() -> bool:
        """Checks if the user has a session token."""
        print("Checking if authenticated")
        if state["session_token"] is not None:
            return True

    def done() -> None:
        """When you complete your task, call this tool."""
        print("Authentication is complete")
        state["current_speaker"] = None
        state["just_finished"] = True

    tools = [
        FunctionTool.from_defaults(fn=store_username),
        FunctionTool.from_defaults(fn=login),
        FunctionTool.from_defaults(fn=is_authenticated),
        FunctionTool.from_defaults(fn=done),
    ]

    system_prompt = (f"""
        You are a helpful assistant that is authenticating a user.
        Your task is to get a valid session token stored in the user state.
        To do this, the user must supply you with a username and a valid password. You can ask them to supply these.
        If the user supplies a username and password, call the tool "login" to log them in.
        The current user state is:
        {pprint.pformat(state, indent=4)}
        When you have authenticated, call the tool "done" to signal that you are done.
        If the user asks to do anything other than authenticate, call the tool "done" to signal some other agent should help.
    """)

    return OpenAIAgent.from_tools(
        tools,
        llm=OpenAI(model="gpt-4o"),
        system_prompt=system_prompt,
    )
```

可以看到，针对用户认证，我们定义了 4 个 Tool：store_username（存储用户名）、login（根据密码进行登录）、is_authenticated（判断是否已认证）和 done（完成认证）。通过系统提示词，我们明确了这些 Tool 的调用时机和条件。

需要注意的是，在 login 这个 Tool 中，系统会将模拟生成的 session_token 保存在全局状态变量中，从而能够将状态信息传递给其他 Agent。这确保了用户在整个交互过程中保持认证状态，使得后续需要认证的任务可以顺利进行。

3. 实现账户余额 Agent

账户余额 Agent 的存在价值在于根据用户的账户余额判断用户是否具备车辆预订的条件。它的工作原理是返回用户的账户余额供其他任务类 Agent 使用。以下是具体实现过程。

```
def account_balance_agent(state: dict) -> OpenAIAgent:
    def get_account_id(account_name: str) -> str:
        """Useful for looking up an account ID."""
        print(f"Looking up account ID for {account_name}")
        account_id = "1234567890"
        state["account_id"] = account_id
        return f"Account id is {account_id}"

    def get_account_balance(account_id: str) -> str:
        """Useful for looking up an account balance."""
        print(f"Looking up account balance for {account_id}")
        state["account_balance"] = 1000
        return f"Account {account_id} has a balance of ${state['account_balance']}"

    def is_authenticated() -> bool:
        """Checks if the user has a session token."""
        print("Account balance agent is checking if authenticated")
        if state["session_token"] is not None:
            return True

    def done() -> None:
        """When you complete your task, call this tool."""
        print("Account balance lookup is complete")
        state["current_speaker"] = None
        state["just_finished"] = True

    tools = [
        FunctionTool.from_defaults(fn=get_account_id),
        FunctionTool.from_defaults(fn=get_account_balance),
        FunctionTool.from_defaults(fn=is_authenticated),
        FunctionTool.from_defaults(fn=done),
    ]

    system_prompt = (f"""
        You are a helpful assistant that is looking up account balances.
        The user may not know the account ID of the account they're interested in,
        so you can help them look it up by the name of the account.
        The user can only do this if they are authenticated, which you can check with
the is_authenticated tool.
        If they aren't authenticated, tell them to authenticate
```

```
                If they're trying to book a car, they have to check their account balance
first, which you can help with.
                The current user state is:
                {pprint.pformat(state, indent=4)}
                Once you have supplied an account balance, you must call the tool "done" to
signal that you are done.
                If the user asks to do anything other than look up an account balance, call
the tool "done" to signal some other agent should help.
        """

    return OpenAIAgent.from_tools(
        tools,
        llm=OpenAI(model="gpt-4o"),
        system_prompt=system_prompt,
    )
```

在上述代码中，我们在 get_account_balance 这个 Tool 中通过硬编码的方式指定了用户账户余额值，并将其保存在全局状态中。这种方式确保了后续 Agent 可以利用这个全局状态来判断用户是否有足够的账户余额来执行车辆预订操作。同时，我们也引入了 is_authenticated Tool，它专门用来判断用户是否已经认证，使用了认证 Agent 所设置的 session_token 这个全局状态值。

4. 实现预约 Agent

最后，我们来到智能客服助手中最关键的任务类 Agent 之一——预约 Agent。在这个 Agent 中，我们将完成具体的车辆预订操作。以下是具体实现过程。

```
def book_car_agent(state: dict) -> OpenAIAgent:

    def book_car(account_id: str, car_number: str) -> str:
        """Useful for book a car for an account."""
        print(f"Book a car {car_number} for account {account_id}")
        return f"Book a car {car_number} for account {account_id}"

    def balance_sufficient(account_id: str, amount: int) -> bool:
        """Useful for checking if an account has enough money to book a car."""
        print("Checking if balance is sufficient")
        if state['account_balance'] >= amount:
            return True

    def has_balance() -> bool:
        """Useful for checking if an account has a balance."""
        print("Checking if account has a balance")
        if state["account_balance"] is not None:
            return True

    def is_authenticated() -> bool:
        """Checks if the user has a session token."""
        print("Transfer money agent is checking if authenticated")
        if state["session_token"] is not None:
            return True

    def done() -> None:
        """When you complete your task, call this tool."""
```

```
            print("Car book is complete")
            state["current_speaker"] = None
            state["just_finished"] = True

        tools = [
            FunctionTool.from_defaults(fn=book_car),
            FunctionTool.from_defaults(fn=balance_sufficient),
            FunctionTool.from_defaults(fn=has_balance),
            FunctionTool.from_defaults(fn=is_authenticated),
            FunctionTool.from_defaults(fn=done),
        ]

        system_prompt = (f"""
            You are a helpful assistant that book a car for accounts.
            The user can only do this if they are authenticated, which you can check with the is_authenticated tool.
            If they aren't authenticated, tell them to authenticate first.
            The user must also have looked up their account balance already, which you can check with the can_book_new_car tool.
            If they haven't already, tell them to look up their account balance first.
            The current user state is:
            {pprint.pformat(state, indent=4)}
            Once you have book a car, you can call the tool "done" to signal that you are done.
            If the user asks to do anything other than book car, call the tool "done" to signal some other agent should help.
        """)

        return OpenAIAgent.from_tools(
            tools,
            llm=OpenAI(model="gpt-4o"),
            system_prompt=system_prompt,
        )
```

在上述代码中，balance_sufficient、has_balance 和 is_authenticated 这 3 个 Tool 都是业务校验类的 Tool，它们使用了之前由认证 Agent 和账户余额 Agent 所设置的 account_balance 和 session_token 这两个全局状态值。当这些校验都完成后，我们通过 book_car 这个 Tool 执行了最终的车辆预订操作。至此，整个业务流程形成闭环。

### 8.4.4 执行效果演示

智能客服助手的执行流程分为两类：一类是不需要用户认证的车辆查询流程，另一类则是在满足一系列业务校验规则基础上的车辆预订流程。以下分别展示这两种流程的执行过程。

1. 车辆查询流程

先来看车辆查询流程。用户输入和系统交互日志如下。

```
No current speaker, asking orchestration agent to decide
Concierge agent selected
Hi there! How can I assist you today? Are you looking to book a car, check your account balance, or something else?
```

```
> look up a car
No current speaker, asking orchestration agent to decide
Car lookup agent selected
Sure, I can help with that. Could you please provide me with the car number you want
to look up?
> carnum123
There's already a speaker: car_lookup
Car lookup agent selected
Searching for car info
Looking up a car info for CARNUM123
car lookup is complete
The car with number CARNUM123 is a black Audi. If you need any further assistance,
feel free to ask!
Asking the continuation agent to decide what to do next
Continuation agent said no_further_task
```

在上述日志中,">"行代表用户的输入。可以看到,系统启动时没有当前发言人,因此选择了入口 Agent 来决定下一步行动。根据提示,用户输入了 "look up a car",系统通过编排 Agent 指定了车辆查询 Agent 来响应此请求。用户随后提供了一个车辆编号,车辆查询 Agent 触发了查询操作,并最终返回结果给用户。由于后续不需要进一步操作,链接 Agent 输出了 no_further_task,标志着该业务流程结束。

2. 车辆预订流程

接下来是较为复杂的车辆预订流程。用户输入和系统交互日志如下。

```
No current speaker, asking orchestration agent to decide
Concierge agent selected
State: {   'account_balance': None,
    'account_id': None,
    'current_speaker': None,
    'just_finished': False,
    'session_token': None,
    'username': None}
Hi there! How can I assist you today? Are you looking to book a car, check your account
balance, or something else?
> book a car
No current speaker, asking orchestration agent to decide
Auth agent selected
State: {   'account_balance': None,
    'account_id': None,
    'current_speaker': 'authenticate',
    'just_finished': False,
    'session_token': None,
    'username': None}
It looks like you need to be authenticated first. Could you please provide your
username and password?
> tianmin
There's already a speaker: authenticate
Auth agent selected
State: {   'account_balance': None,
    'account_id': None,
    'current_speaker': 'authenticate',
```

```
            'just_finished': False,
            'session_token': None,
            'username': None}
        Recording username
        Great! Now, could you please provide your password to complete the authentication?
        > 123456
        There's already a speaker: authenticate
        Auth agent selected
        State: {   'account_balance': None,
            'account_id': None,
            'current_speaker': 'authenticate',
            'just_finished': False,
            'session_token': None,
            'username': 'tianmin'}
        Logging in tianmin
        Authentication is complete
        You are now authenticated. Another agent will assist you with booking a car.
        Asking the continuation agent to decide what to do next
        Continuation agent said "I would like to book a car."
        No current speaker, asking orchestration agent to decide
        Orchestrator is checking if authenticated
        Orchestrator checking if account has a balance
        Account balance agent selected
        State: {   'account_balance': None,
            'account_id': None,
            'current_speaker': 'account_balance',
            'just_finished': False,
            'session_token': 'session_token_001',
            'username': 'tianmin'}
        Looking up account ID for tianmin
        Looking up account balance for 1234567890
        Account balance lookup is complete
        Your account balance is $1000. You can now proceed with booking a car. Another agent
will assist you with that.
        Asking the continuation agent to decide what to do next
        Continuation agent said "I would like to book a car."
        No current speaker, asking orchestration agent to decide
        Orchestrator is checking if authenticated
        Orchestrator checking if account has a balance
        Book car agent selected
        State: {   'account_balance': 1000,
            'account_id': '1234567890',
            'current_speaker': 'book_car',
            'just_finished': False,
            'session_token': 'session_token_001',
            'username': 'tianmin'}
        Please provide the car number you would like to book.
        > carnum123
        There's already a speaker: book_car
        Book car agent selected
        Book a car carnum123 for account 1234567890
        Car book is complete
        The car with number "carnum123" has been successfully booked for your account. If you
need any further assistance, feel free to ask!
        Asking the continuation agent to decide what to do next
        Continuation agent said no_further_task
```

这段较长的日志清晰地展示了整个预订流程。用户首先表达了想要预订车辆的意图。系统随即引导用户完成认证，并通过账户余额 Agent 确认用户的账户余额是否足以支持预订。一旦所有前置条件都得到满足，预约 Agent 就被激活以执行实际的预订操作。用户提供了目标车辆号码后，系统成功完成了预订，并告知用户如果需要更多帮助可随时提出。最后，链接 Agent 确定不再有其他任务需要处理，结束了本次会话。

## 本章小结

本章探讨了利用 RAG 构建多 Agent 系统的方法，这是目前各行业中日益普及的一种人工智能应用形式。在多 Agent 系统架构中，协调类 Agent 承担着聚合与指挥的任务，而任务类 Agent 则专注于各自特定的业务逻辑执行。我们深入介绍了 LlamaIndex 下的 Agent 技术，涵盖了理解 Agent 的工作机制、Tool 组件的应用及推理循环的概念。

在实例实现部分，我们设计并实现了一个多 Agent 文档处理系统，这个系统能够针对一系列文档高效地回答各种类型的问题。此外，我们还创建了一个智能客服助手，该助手由多个任务类 Agent 组成（如车辆查询 Agent、认证 Agent、账户余额 Agent 和预约 Agent）以及若干协调类 Agent（如入口 Agent、编排 Agent 和链接 Agent 等），共同协作以提供服务。

通过本章的学习，读者可以获得关于多 Agent 系统构建过程的深刻理解，掌握使用 LlamaIndex 实现此类系统的技术细节，并具备根据具体业务需求设计和实现复杂 Agent 的能力。